离子液体在核酸和蛋白质分离中的应用

程德红／著

LIZI YETI ZAI HESUAN ... NG DE YINGYONG

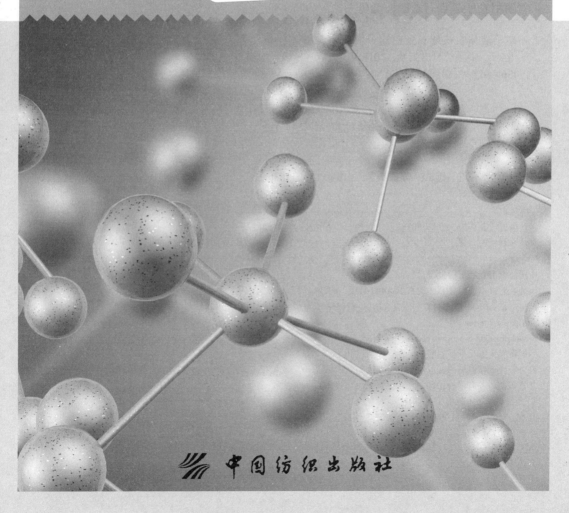

中国纺织出版社

内 容 提 要

本书概述了离子液体的研究现状及未来发展趋势，系统介绍了离子液体作为绿色溶剂在生物分子萃取分离和分析检测中的应用。详细论述了疏水性离子液体 1-丁基-3-甲基咪唑六氟磷酸盐（$BmimPF_6$）对 DNA 的萃取分离富集，建立了直接定量离子液体相中 DNA 的共振光散射方法，并以不同烷基侧链的咪唑类疏水性离子液体为萃取溶剂研究了对血红蛋白、细胞色素 C 蛋白质的萃取和分离，同时研究了不同烷基侧链的咪唑类离子液体的荧光光谱，并将其用于血红蛋白的分析检测。

本书可作为分析化学相关专业人员研究、开发离子液体时的参考资料，也可供化学、化工相关专业的师生参考。

图书在版编目（CIP）数据

离子液体在核酸和蛋白质分离中的应用／程德红著
. —北京：中国纺织出版社，2018.9
ISBN 978-7-5180-5406-0

Ⅰ. ①离… Ⅱ. ①程… Ⅲ. ①离子-液体-应用-核酸-分离-研究②离子-液体-应用-蛋白质-分离-研究 Ⅳ. ①Q52②Q51

中国版本图书馆 CIP 数据核字（2018）第 211636 号

策划编辑：孔会云 责任编辑：李泽华 责任校对：楼旭红
责任印制：何 建

中国纺织出版社出版发行
地址：北京市朝阳区百子湾东里 A407 号楼 邮政编码：100124
销售电话：010—67004422 传真：010—87155801
http://www.c-textilep.com
E-mail：faxing@ c-textilep.com
中国纺织出版社天猫旗舰店
官方微博 http://weibo.com/2119887771
北京玺诚印务有限公司印刷 各地新华书店经销
2018 年 9 月第 1 版第 1 次印刷
开本：710×1000 1/16 印张：8.25
字数：202 千字 定价：88.00 元

前　言

核酸、蛋白质等生命物质的分析检测对阐述生命现象以及临床诊断、疾病治疗等均具有重要的意义。在实际生物样品中，DNA、蛋白质与基体组分混合共存，要对这些生命物质进行分析检测，需要将其从复杂的样品基体中分离出来。然而在经典的液相萃取分离方法中，易挥发、有毒有机溶剂的使用不仅带来环境污染，而且对生命物质有一定的毒性作用。因此，建立环境友好的绿色萃取分离新方法十分重要。离子液体作为一种新型绿色溶剂，具有良好的热稳定性、低蒸汽压和不挥发性等特性。以离子液体为溶剂替代传统的有机溶剂萃取分离生命物质，既可减少环境污染，又能克服有机溶剂对生命物质的毒性。

本书作者多年来以绿色溶剂离子液体作为萃取分离溶剂，应用于生物分子的萃取分离，进行了系列研究，积累了大量的实验数据，在此基础上，进一步用离子液体作为绿色溶剂用于 DNA、血红蛋白、细胞色素 C 的萃取分离，用共振光散射法测定 DNA，用荧光猝灭法测定血红蛋白等方面希望对从事分析化学的相关专业人员有所帮助。

本书主要包括以下六方面内容。

一是介绍了离子液体的历史、种类及性质、离子液体的合成方法及应用，并对离子液体在生物分子萃取分离中的应用发展前景进行了展望。

二是离子液体萃取 DNA 的研究。研究了疏水性离子液体 1-丁基-3-甲基咪唑六氟磷酸盐（$BmimPF_6$）对 DNA 的萃取分离富集工艺，发现在室温下无需其他任何辅助萃取剂，离子液体可将 DNA 从水溶液中萃取出来，采用磷酸氢二钾—柠檬酸缓冲溶液可将一部分 DNA 从离子液体中反萃取出来。机理研究表明，在萃取过程中，DNA 分子中的磷酸基团的氧原子与离子液体的阳离子 Bmim⁺ 发生键合反应，生成的 DNA-Bmim 加合物有利于 DNA 向离子液体相中转移。

三是建立了直接定量离子液体相中 DNA 的共振光散射方法，研究发现，DNA-EB（溴化乙锭）体系的共振光散射强度随 DNA 浓度增大而降低，据此，可直接定量 DNA。共振光散射强度降低的原因是由于在离子液体中 DNA 与 EB 的作用方式与在水溶液中不同所致。在离子液体相中，咪唑阳离子插入 DNA 双螺旋结构中，阻止了 EB 与 DNA 的嵌入反应。此时 EB 和 DNA 之间仅发生静电相互作用，并导致 EB 在 DNA 表面局部浓集。DNA 浓度增大使 EB 的聚集加剧，此时 EB 分子自身的光吸收明显增强，而内滤效应使共振光散射强度降低。

四是离子液体萃取分离血红蛋白的研究。考察了不同烷基侧链的咪唑类疏水性离子液体为萃取溶剂对蛋白质的萃取分离。在无需添加任何辅助萃取剂的情况下，血红蛋白可以被选择性地萃取到离子液体 1-丁基-3-三甲基硅咪唑六氟磷酸盐（BtmsimPF₆）中，而白蛋白、转铁蛋白、细胞色素 C 等不能被直接萃取。机理研究表明，在萃取过程中血红蛋白中血红素分子的铁原子与离子液体中的咪唑阳离子发生轨道杂化，咪唑阳离子垂直于血红素分子平面与铁原子配位，从而有利于血红蛋白向离子液体相的转移。

五是离子液体萃取分离细胞色素 C 的研究。在酸性条件下，离子液体 BtmsimPF₆ 能部分萃取细胞色素 C。紫外和 CD 光谱研究发现，在酸性条件下，细胞色素 C 构型发生转变使疏水性基团外露；当溶液 pH 小于 2 时，血红素基团的铁原子与甲硫氨酸的第 6 个配位键断裂，提供一个空配位，与离子液体的咪唑阳离子发生配位作用，从而促使细胞色素 C 进入离子液体中。

六是荧光猝灭法测定血红蛋白的研究。研究了不同烷基侧链的咪唑类离子液体的荧光光谱，发现具有共轭结构的咪唑类离子液体能发射明显的荧光，且荧光强度随咪唑烷基侧链、溶液极性、溶液 pH 的增大而明显增强，但血红蛋白能明显地猝灭离子液体的荧光。基于此，将离子液体1，3-二丁基咪唑六氟磷酸盐（BBimPF$_6$）作为一种荧光探针应用于血红蛋白的分析测定。机理研究表明，离子液体的咪唑阳离子与血红蛋白中的铁原子发生配位作用，生成的配合物荧光降低从而导致荧光猝灭，其猝灭类型可能为静态猝灭和能量转移猝灭。该方法已用于全血样品中血红蛋白含量的测定。

本书的研究工作得到了东北大学分析科学研究中心的大力支持，特别感谢东北大学王建华教授的支持和指导，同时还要感谢东北大学王建华教授课题组的陈旭伟、王洋、舒杨、陈明丽、于永亮、杜桌等的支持和帮助。本书的出版工作得到辽宁省功能纺织材料重点实验室、辽东学院化学工程专业硕建点、学科专业群项目的大力支持，在此衷心感谢辽东学院化学工程学院教师们付出的艰辛劳动，特别感谢辽东学院路艳华教授、林杰副教授在出版过程中给予的支持和指导。此外，本书还参考了大量国内外有关离子液体萃取分离方面的文献资料，衷心感谢国内外同仁们在离子液体应用方面所做的工作。

由于作者水平有限，书中难免存在疏漏和不妥之处，敬请同行和专家批评指正。

程德红

2018 年 1 月

目　　录

第1章 离子液体及生物分子萃取分离概述

1.1 离子液体

离子液体是在室温或室温附近呈液体状态的盐类物质，通常由有机阳离子和有机或无机阴离子组成。1914 年科学家报道了第一个性质符合此定义的离子液体硝基乙胺（$EtNH_3NO_3$）[1]。后来 Hurley 等首次合成了室温下的离子液体溴代正丁基吡啶和氯化铝的混合物[2]，但是由于 $AlCl_3$ 类离子液体在水溶液中不能稳定存在，因此影响了它的进一步应用，这导致了离子液体的研究发展较缓慢。1992 年 Wilkes 领导的研究小组首次合成了低熔点、抗水解、稳定性强的 1-乙基-3-甲基咪唑四氟硼酸盐离子液体（$EmimBF_4$），从此离子液体的研究得以迅猛发展，研究的热点也从最初的 $AlCl_3$ 类离子液体逐步转向耐水性离子液体[3]。近年来，室温离子液体的研究得到了世界各国科学家前所未有的关注。目前，合成出的离子液体已达数百种，其中功能化离子液体也越来越受到关注。离子液体的应用领域从最初的电化学研究，向环境友好的催化剂和绿色反应溶剂方向发展，并被广泛地应用于有机合成、萃取分离、电化学、先进功能材料等领域。

1.1.1 离子液体的种类及性质

离子液体通常由有机阳离子和有机或无机阴离子构成，有机阳离子主要是含氮、硫、磷的阳离子，包括烷基铵类、咪唑类和烷基吡啶类等，如图 1-1 所示。

具有不同阳离子结构的离子液体的性能差别很大，因此以不同结构的阳离子组合或设计具有不同侧链的有机阳离子，可得到性能各异的离子液体。组成离子液体的阴离子主要有 Cl^-、Br^-、I^-、BF_4^-、PF_6^-、$N(CF_3SO_2)_2^-$、$CF_3SO_3^-$ 等。离子液体的种类理论上可达上亿种，选择不同结构的有机阳离子和有机或无机阴离子相结合，可以得到不同种类的离子液体[4]，但目前已经合成出来的离子液体还只

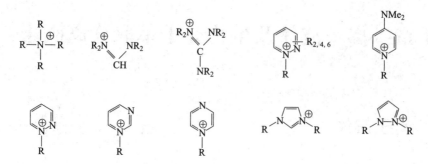

图 1-1　组成离子液体的几种特征阳离子

有数百种。

离子液体的性质与构成离子液体的阴、阳离子的结构密切相关，具有不同结构的离子液体表现各不相同的熔点、密度、黏度、导电性、热稳定性。表 1-1 给出了一些常见离子液体（ILs）的熔点、密度、溶解度和电导率[5]。

表 1-1　一些常见离子液体的熔点、密度、溶解度和电导率

ILs	熔点（℃）	密度（g/mL）	水中溶解度（g/100mL）	电导率（S/m）
C_4mimPF_6	-8	1.36~1.37（25℃）	1.88	0.14（25℃）
C_6mimPF_6	-61	1.29~1.31（25℃）	0.75	
C_8mimPF_6		1.20~1.23（25℃）	0.20	
$Cmim（CF_3SO_3）_2N$	22	1.56		0.84（20℃）
$C_2mim（CF_3SO_3）_2N$	-3	1.50	1.77	0.88（20℃）
$C_4mim（CF_3SO_3）_2N$	-4	1.42	0.80	0.39（20℃）
$C_6mim（CF_3SO_3）_2N$		1.33	0.34	
$C_8mim（CF_3SO_3）_2N$		1.31	0.21	
C_4mimCl	65，41	1.10	易溶	难溶
C_2mimBF_4	15	1.28（25℃）	易溶	
C_4mimBF_4	-81	1.17（30℃）	易溶	0.17（25℃）
$C_4mimCF_3SO_3$	16	1.29（20℃）	易溶	0.37（20℃）

离子液体有机阳离子的大小和形状对离子液体的熔点影响很大，具有结构对称阳离子的离子液体熔点较高，阳离子分子尺寸越大离子液体的熔点越低，阳离子的烷基侧链越长熔点越低。当有机阳离子相同时，阴离子体积越大熔点越高，阴离子

为卤素时的离子液体熔点较高，在室温下一般为固体。

离子液体的密度一般为 $1.1\sim1.6\mathrm{g/cm^3}$，当离子液体的阴离子相同时，随着阳离子烷基侧链的增长，离子液体的密度降低。对于具有相同阳离子的离子液体，其密度随阴离子不同发生改变，含有较大、配合能力较弱的阴离子的离子液体密度相对较高。

离子液体的阴、阳离子的种类，结合方式等都对离子液体的黏度有很大影响。阳离子结构是影响离子液体黏度的一个主要因素，阳离子的烷基侧链增长或结构对称性增大均导致离子液体黏度增大，这主要是由于离子间的范德瓦耳斯力或氢键作用得到加强的结果。阴离子的结构对离子液体的黏度也有明显影响，阴离子对称性越高，相应的离子液体黏度也越大。

影响离子液体电导性的因素主要有黏度、液体密度、离子大小、离解度等。离子液体的氧化电位与阴离子有关，还原电位与阳离子有关。离子液体具有较宽的电化学窗口，大部分离子液体的电化学窗口一般为4V左右。

与常用的有机溶剂相比，室温离子液体具有如下特点：

（1）液体状态温度范围宽，从室温到300℃均具有良好的物理和化学稳定性；

（2）蒸汽压低，不挥发，不易燃、易爆，不易氧化，在300℃以下能稳定存在；

（3）具有较大的极性，黏度低，密度大；

（4）电化学稳定，有较宽的电化学窗口。

1.1.2　离子液体的合成

1.1.2.1　卤代盐离子液体

卤代盐离子液体是一类最常用的离子液体，阴离子一般为 Cl^-、Br^-、I^-。其合成方法主要是将咪唑或吡啶等杂环与卤代烷烃混合，加热回流。反应方程式如图1-2所示。

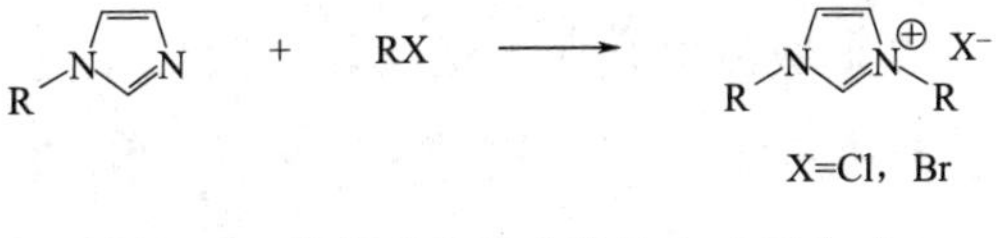

$$X=Cl，Br$$

图1-2　卤代盐离子液体的合成反应式

1-丁基-3-甲基咪唑氯代盐（BmimCl）是一种典型的卤代盐离子液体，Suarez等[6] 报道了1-丁基-3-甲基咪唑氯代盐（BmimCl）的合成方法：将稍过量的1-氯代丁烷和1-甲基咪唑混合，80℃回流搅拌48h，得到淡黄色黏稠液体，用乙酸乙酯洗涤3次，70℃真空干燥12h即得离子液体BmimCl。该方法操作简单，产物收率可达95.3%以上，但杂质含量较高。

为得到纯度高的离子液体，可在合成前对反应原料进行适当处理，Zhao等[7] 在合成离子液体前，将原料1-甲基咪唑和氯代正丁烷蒸馏并截取沸点范围的馏分，将截取的1-甲基咪唑与稍过量的氯代正丁烷放入高压釜中，充入高纯氮气至0.15MPa左右，加热至90℃，反应18h，然后降至室温得到1-正丁基-3-甲基咪唑氯代盐离子液体（BmimCl）。朴玲钰等[8] 报道了BmimCl的合成方法：首先将氯代正丁烷经五氧化二磷干燥，以除去其中的水分，然后在氮气保护下，将氯代正丁烷与1-甲基咪唑混合，在80℃下加热回流24h。冷却静置分层后，在-30℃下冷冻12h。除去上层液体加入乙腈，在80℃下搅拌溶解并加入乙酸乙酯，然后，在-30℃冷冻12h，有白色固体析出，去除上层液体，将粗产物于80℃旋转蒸发10h，从而得到1-丁基-3-甲基咪唑氯代盐（BmimCl）。用该方法合成的离子液体，反应时间短，杂质的洗脱彻底，合成的离子液体纯度高，可以满足电化学分析，但该方法操作过程较复杂，且产率较低。

溴代盐离子液体也是一种常见卤代盐离子液体。Elaiwi等[9] 报道了一种溴代盐离子液体1-丁基-3-甲基咪唑溴化物（BmimBr）的合成方法：采用溴代正丁烷与1-甲基咪唑在Ar气保护下，90℃回流72h，加入适量的甲苯，得到1-丁基-3-甲基咪唑溴化物（BmimBr）离子液体。将其冷却，得到1-丁基-3-甲基咪唑溴化物晶体。利用乙腈—乙酸乙酯混合溶剂重结晶数次并旋转蒸发，得到纯度较高的1-丁基-3-甲基咪唑溴化物晶体。该合成方法操作简单，反应产物纯度高，但反应时间较长。刘靖平等[10] 对该种烷基咪唑离子液体的合成方法进行了改进，以乙二醛、甲醛、25%的氨水和烷基铵为原料，以甲醇作为溶剂制备咪唑卤化物，反应时间只需要4h左右。

与氯代盐、溴代盐离子液体的合成方法比较，碘代盐离子液体的反应条件温和，在室温下即可进行。段海峰等[11] 报道了一种碘代盐离子液体的合成方法，该方法采用四烷基脲与三氯氧磷反应制备的五烷基胍，与碘代甲烷反应，制备出碘代盐离子液体。该合成反应操作简单，产物的收率较高，而且五烷基胍与碘甲烷反应几乎是定量进行。

由于卤代盐离子液体合成方法简单，原料易得，反应条件温和，且一般为水溶性离子液体，在水中的溶解度很高，几乎可以与水以任何比例混溶，故得到了广泛应用。卤代盐离子液体也被用作合成其他离子液体的中间体。

1.1.2.2 含氟离子液体

除了水溶性卤代盐离子液体外，常见的离子液体还包括四氟硼（BF_4）、六氟磷（PF_6）型离子液体。这种离子液体的制备主要是通过阴离子交换法，采用 BF_4、PF_6 的盐或酸与卤代盐离子液体反应，从而得到 BF_4、PF_6 型离子液体。

1-丁基-3-甲基咪唑四氟硼酸盐（$BmimBF_4$）是一种常见的离子液体，朴玲钰等[8] 报道了其详细合成方法，首先合成 BmimCl 离子液体，将稍过量的 $NaBF_4$ 与 BmimCl 溶解在丙酮中，室温搅拌 12h。过滤除去反应生成的 NaCl，旋转蒸发去除溶剂，得到淡黄色液体 $BmimBF_4$，收率为 90.5%。该合成方法操作简单，而且通过旋转蒸发，制备的离子液体纯度较高。

1-丁基-3-甲基咪唑六氟磷酸盐（$BmimPF_6$）是一种疏水性离子液体，广泛地应用于萃取分离中。其合成方法是首先合成卤代离子液体，再与六氟磷酸或六氟磷酸盐反应，从而得到 $BmimPF_6$。Armstrong 等[5] 将 1-甲基咪唑与稍过量的氯代正丁烷混合，水浴加热到 75℃，搅拌回流 72h，然后用乙酸乙酯洗涤 3 次，在真空干燥箱中 80℃ 干燥 24h，得到 1-丁基-3-甲基咪唑氯代盐（BmimCl），收率为 80%。将 BmimCl 与一定量的水混合，并向其中滴加六氟磷酸，搅拌 1h 后，取出下层溶液用二次去离子水洗涤，直到洗涤水溶液的 pH 为 6.5 左右，将产物放在干燥箱中 80℃ 干燥 24h，得到 1-丁基-3-甲基咪唑六氟磷酸盐（$BmimPF_6$）。

在合成六氟磷酸盐离子液体时，由于反应过程中产生大量的 Cl^-，为了得到高纯度的离子液体，一般采用大量去离子水进行洗涤，而 $BmimPF_6$ 在水中有一定的溶解性，因此，在洗涤过程中，会有一部分 $BmimPF_6$ 损失。Chun 等[12] 对洗涤步骤进行了改进，先将反应后的溶液与含有三乙基胺的水混合，分液后，将离子液体溶解到二氯甲烷中，再将二氯甲烷及离子液体中的部分水分分离出来。尽管上述操作比较麻烦，但合成的离子液体纯度明显提高。

1.1.2.3 功能化离子液体

功能化离子液体是指在阴、阳离子中引入一个或多个功能化的官能团或离子液体的阴阳离子本身具有特定的结构而赋予离子液体某种特殊功能或性质。

将金属卤化物 MX_n 和有机卤化物混合，可得到一类酸碱性可调的离子液体，当 MX_n 的摩尔分数足够大时，离子液体可呈 Lewis 酸性[13]。离子液体的酸碱性主要取决于阴离子的种类，将 $AlCl_3$、$FeCl_3$、$GaCl_3$ 等 Lewis 酸与有机盐（烷基铵、烷基吡啶、烷基咪唑等的卤化物）混合，可得到酸性离子液体。最具代表性的酸性离子液体是 $AlCl_3$ 类离子液体，氯铝酸离子液体的酸性基于 Lewis 酸（如 $AlCl_3$ 等）与有机阳离子的比例，可以在很大范围内调节，使其具有 Lewis 碱性、Lewis 酸性甚至超强酸性。氯铝酸离子液体的酸碱性可以用平衡方程 $2AlCl_4^- \rightarrow Al_2Cl_7^- + Cl^-$ 来描述。随着 $AlCl_3$ 摩尔分数的增加，阴离子种类由 $Cl^- \rightarrow AlCl_4^- \rightarrow Al_2Cl_7^- \rightarrow Al_3Cl_{10}^- \rightarrow Al_4Cl_{13}^-$ 转化，其 Lewis 酸性也由碱性→中性→酸性→强酸性等逐步增强。以 1,3-二烷基咪唑氯铝酸盐为例，当 $AlCl_3$ 摩尔分数 $n < 0.5$ 时，离子液体呈碱性，此时阴离子以 Cl^- 和 $AlCl_4^-$ 为主；当 $n = 0.5$ 时，离子液体为中性，此时阴离子只有 $AlCl_4^-$；当 $n > 0.5$ 时，离子液体就表现出酸性，此时阴离子为 $AlCl_4^-$ 和 $Al_2Cl_7^-$ 等；继续增加氯化铝摩尔分数，离子液体中就会出现 $Al_3Cl_{10}^-$、$Al_4Cl_{13}^-$，离子液体表现出超强酸性。这种离子液体可以催化由固体 $AlCl_3$ 催化的反应，而且由于离子液体呈液态，更有利于分离操作和循环使用。但是由于 $AlCl_3$ 对水很不稳定，这类离子液体存在着潜在的环境污染、回收利用等问题[13]。

最早的 Bronsted 酸性离子液体是 1989 年 Smith 等[14] 在 EmimCl/AlCl₃ 体系中加入 HCl 气体而得到的。由于氯铝酸盐离子液体在空气中吸潮可逸出 HCl 气体，在酸性氯铝酸盐离子液体中溶入 HCl，离子液体的酸性从弱 Lewis 酸转变为强 Bronsted 酸，体系表现出超强酸性。以 $B(HSO_4)_4^-$ 作为阴离子也可得到增强酸性的离子液体，或者将常见的 Bronsted 酸与中性离子液体混合，可得到一系列酸性可调节的 Bronsted 酸性离子液体。与传统的超强酸相比，离子液体超强酸具有较好的操作安全性，离子液体超强酸除了可以用氯化铝外，也可以采用 $FeCl_3$、$CuCl$、$ZnCl_2$、$SnCl_2$ 等。Suarez 等[6] 报道了一种含有金属铁的离子液体 BmimCl/FeCl₃，其合成方法是将合成的 BmimCl 在高压釜中加热到 95~120℃，从反应釜底部通入高纯氮气吹扫，将未反应的原料和水分带出，再将 $FeCl_3$ 在氮气保护下加热至 $400 \sim 500\,^{\circ}\mathrm{C}$ 进行干燥，在氮气保护下将 BmimCl 和 $FeCl_3$ 充分混合，搅拌过夜，即得到 BmimCl/$FeCl_3$ 离子液体。

1.1.2.4　其他离子液体

Bicak 等[15] 报道了一种简单的 2-羟基乙基铵甲酸盐离子液体的合成方法，向 2-羟基乙醇中缓慢滴加等摩尔的甲酸，冰浴冷却，搅拌 24h，即可得到黏稠、透明的 2-羟基乙基铵甲酸盐离子液体。

如图 1-3 所示，赵三虎等[16] 将等摩尔的吡啶和氯代正丁烷反应后，减压抽滤后得到白色针状晶体氯代丁基吡啶。再与等摩尔的 NH_4NO_3 固体混合，加入甲醇，在室温下搅拌 48h，将反应混合物过滤，滤液旋转蒸发除去甲醇，通过真空干燥进一步除去痕量甲醇，得到无色黏稠状 N-丁基吡啶硝酸盐离子液体。需要注意的是，在合成氯化丁基吡啶时，整个反应体系需无氧无水，且要求避光操作。

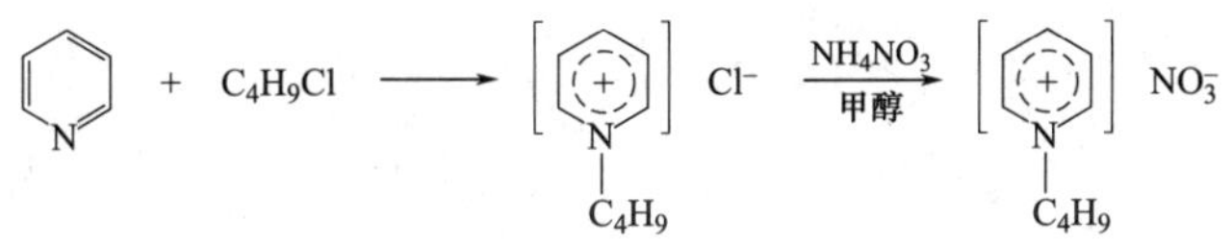

图 1-3　N-丁基吡啶硝酸盐离子液体的合成

Bonhote 等[17] 报道了咪唑基离子液体的合成，如图 1-4 所示，以咪唑为原料首先合成 1-烷基咪唑，再与卤代烷烃反应，生成二烷基咪唑基离子液体，再加入含有所需阴离子的盐，通过离子交换合成目标离子液体。当阴离子为 $(CF_3SO_2)_2N^-$ 时具有疏水性，其水中饱和溶解度仅为 2%，而阴离子为 $CF_3SO_3^-$、CF_3COO^- 时则是完全水溶性的。

Lall 等[18] 采用真空蒸发技术，以卤代离子液体为原料，合成了一种聚阳离子磷酸盐离子液体，其结构如图 1-5 所示。由于该离子液体的阴离子是 -3 价的磷酸根，因此，可与聚阳离子或多配体结合。合成的磷酸盐类离子液体有较好的水溶解性，但是，同时也可以吸收空气中的水分，因此，在保存过程中要尽量避免接触空气。

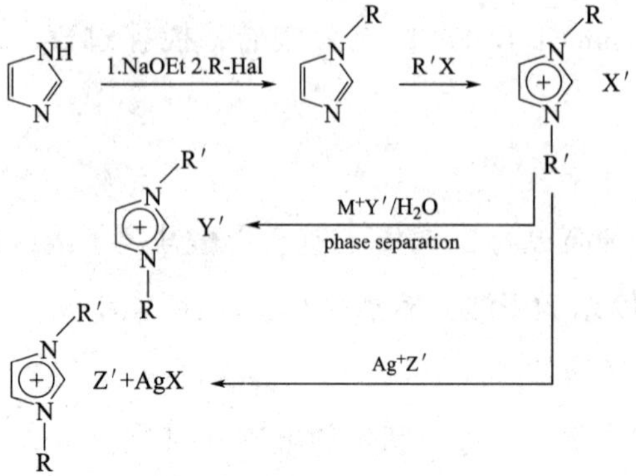

^{a}R=Me，Et；R′=Me，Et，Bu，*iso*-Bu，CF_3CH_2，$CH_3OC_2H_5$；

X=Br，I，CF_3SO_3，CF_3COO；Z=CF_3COO，C_3F_7COO；M^+Y^-=$Li^+(CF_3SO_2)_2N^-$，$K^+C_4F_9SO_3^-$

图 1-4　咪唑基离子液体的合成

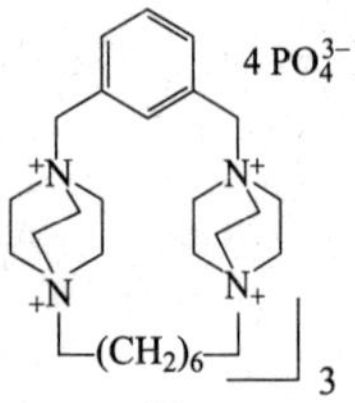

(1)

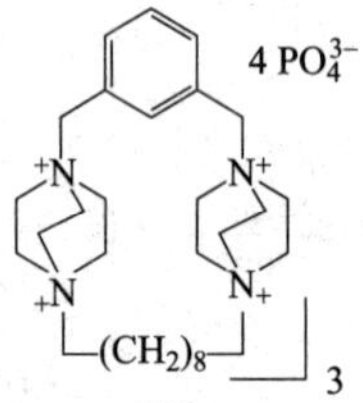

(2)

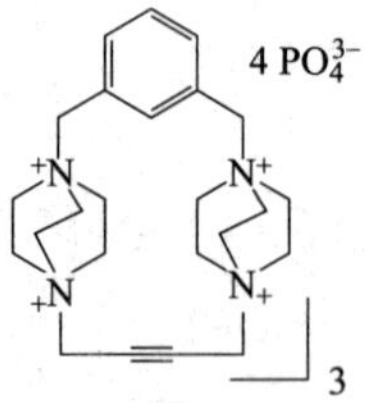

(3)

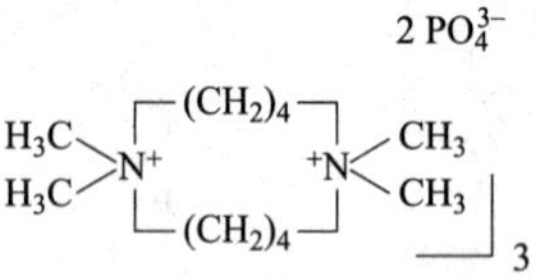

(4)

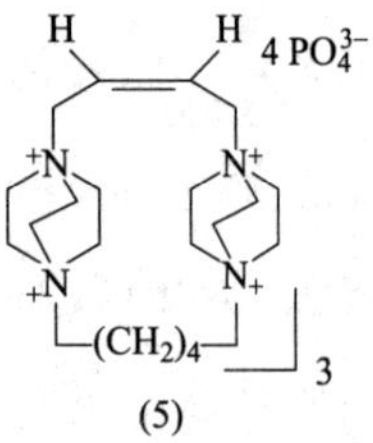

(5)

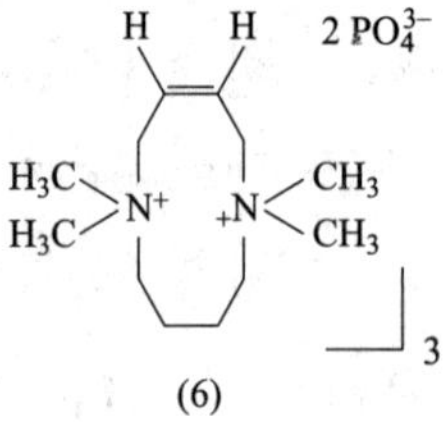

(6)

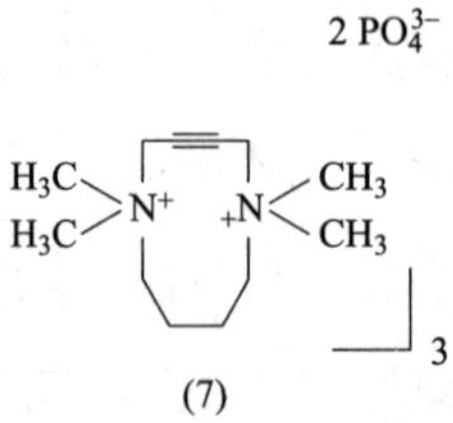

(7)

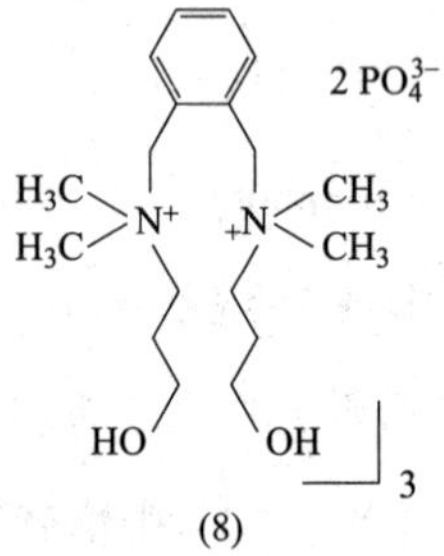

(8)

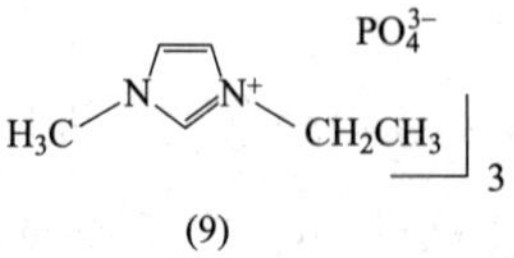

(9)

图 1-5　几种阳离子磷酸盐离子液体

牟宗刚等[19]报道了 1-(*O*,*O*-二乙基膦酰丙基)-3-丁基咪唑六氟磷酸盐

（DPPBimPF$_6$）离子液体的合成方法。将烷基咪唑与溴代烷烃及六氟磷酸胺等混合，得到 DPPBimPF$_6$ 离子液体。该离子液体具有较为优良的润滑性能，可以将其作为钢/铝摩擦副润滑剂，同传统离子液体相比，所合成的新型离子液体抗磨效果更好，这是因为新型离子液体在摩擦过程中同铝和铁发生摩擦化学作用，形成具有抗磨和承载能力的化学吸附和摩擦化学反应边界润滑膜，从而起到减摩抗磨作用。

1.1.3　离子液体的应用

1.1.3.1　有机合成

近年来，离子液体作为溶剂和新型催化材料用于有机合成反应开辟了全新的研究领域，在低聚反应、加氢反应、Friedel-Crafts 反应、Heck 反应、Diels-Alder 反应、烷基化反应、异构化反应等许多重要有机化学反应中的研究取得了重要进展。

张伟等[20] 在研究离子液体环境中环己酮肟的液相贝克曼重排反应时发现，当采用单一离子液体作为溶剂进行贝克曼重排反应时，溶液体系的取热效果较差，而采用离子液体与有机溶剂组成的两相体系更有利于对反应速率的控制和体系的取热。实验中采用 1-丁基-3-甲基咪唑四氟硼酸盐（BmimBF$_4$）与甲苯组成的两相体系，以三氯化磷（PCl$_3$）为催化剂，实现了由环己酮肟制备己内酰胺的液相贝克曼重排反应。通过对环己酮肟用量、PCl$_3$ 用量、反应时间和反应温度的优化，最终的研究环己酮肟转化率达 98.96%，生成己内酰胺的选择性达到 87.30%。

陈治明等[21] 在具有 Lewis 酸性的离子液体体系中进行了苯与烯烃及卤代烃的烷基化反应。以氯化 1-甲基-3-乙基咪唑、氯化 1-丁基吡啶、氯化 1-甲基-3-丁基咪唑及盐酸三甲胺季铵盐分别与 AlCl$_3$ 原位合成法制备离子液体催化体系，研究表明，以上各种离子液体均有很高的催化活性，反应转化率在较短的时间内达到 100%，与 AlCl$_3$ 相比，催化活性显著提高，生成烷基化产物不溶于离子液体，因而易于分离，催化剂可重复使用。孙学文等[22] 也对采用离子液体 BmimCl/FeCl$_3$ 催化全氟代苯与乙烯的烷基化反应进行了相关的报道，并对催化反应机理进行了研究。

邓友全等[23] 采用超强酸性氯化 1-甲基-3-乙基咪唑/AlCl$_3$ 离子液体替代环境污染的 HF/SbF$_5$ 或 CF$_3$SO$_3$H/SbF$_5$ 进行了催化烷烃的羰基化反应，发现 2,2,4-三甲基戊烷可直接与 CO 反应，发生羰基化反应，产物为酮。邓友全等[24] 又将离子液体应用于含氮化合物的羰基化反应，以硅酸四乙酯（TEOS）和钛酸四丁酯（TBOT）为硅、钛源的溶胶—凝胶法催化剂合成了钯—离子液体—钛硅复合氧化物催化剂，体系在用于含氮化合物羰基化反应时对苯胺和环己胺表现出特有的活性和选择性。邹长军[25] 在 1-丁基吡啶/AlCl$_4^-$ 离子液体催化体系中研究了顺丁烯二酸酐与甲醇的反应，采用单体型优化方法对催化剂用量、反应时间、反应原料摩尔比进行了优化。实验结果表明，1-丁基吡啶/AlCl$_4^-$ 离子液体具有异构化和酯化两种催化作用，反丁烯二酸二甲酯的收率达到 92%。

刘宝友等[26] 采用 Bronsted 酸离子液体催化醛、酮、胺的三组分 Mannich 反应，在所选取的离子液体体系 1-丁基-3-甲基咪唑四氟硼酸盐（BmimBF$_4$）/1-丁基-3-甲基咪唑磷酸二氢盐（BmimH$_2$PO$_4$）及 1-乙基咪唑三氟乙酸盐（HeimTA）中，无需加入酸性催化剂，在室温下即可高收率和高选择性地得到 Mannich 产物，而且离子液体经过简单的处理即可实现回收利用。徐欣明等[27] 采用氯化 1-甲基-3-羟乙基咪唑嗡盐离子液体作为 Knoevenagel 缩合反应的催化剂，在 80℃条件下顺利地催化一系列芳醛和活泼亚甲基化合物的 Knoevenagel 缩合反应，以 82%～97% 的产率生成相应 E$_2$ 式烯烃。反应在中性条件下进行，条件温和、产率高，操作和后处理简单方便。

邓友全[28] 采用溶胶—凝胶法制备了硅胶负载 Rh(PPh$_3$)$_3$Cl$^-$ 的离子液体催化剂 Rh$_2^-$DMImBF$_4$/SiO$_2$-gel，并对其催化胺类化合物的氧化羰化制二取代脲反应的活性进行了考察。该催化体系具有较高的催化活性，产物分离简单，催化剂易回收且可重复使用。何鸣元等[29] 以离子液体 BmimBF$_4$ 和水作为混合溶剂，用常见的 RhCl$_3$/TPPTS 催化体系催化 1-丁烯的氢甲酰化反应，产物醛的正异比可达到 9.1∶1，分离收率为 96%～98%（以 1-丁烯计），同时膦铑催化剂被有效固定于催化体系中，该催化体系经 5 次循环使用，催化效率保持不变。郑宏杰等[30] 研究了以离子液体 EmimBF$_4$ 和 BmimPF$_6$ 为溶剂时的戊烯氢甲酰化反应，由于离子液体的极性大，因此可将带有强极性基团的催化剂保留在离子液体中，以防止催化剂的流失，同时由于有机相和离子液体互不相溶，可通过简单的液—液两相分离将产物和催化剂分离开来；但是该方法存在着催化剂反应活性不高的问题，对 1-辛烯氢甲酰化反应研究结果也表明该催化体系的活性较差。

离子液体作为一种环境友好的绿色溶剂，在有机合成反应中即可作为反应的溶剂，又可作为催化反应的催化剂，能够显著地改善这些典型的有机反应的反应性能。但是能够将离子液体应用于工业化的有机反应却很少，这方面的研究有待继续进行。

1.1.3.2　电化学

离子液体独特的全离子结构使其具有良好的导电性，是一种潜力巨大的绿色电化学材料。

离子液体具有热稳定性高、电化学窗口宽、不挥发的显著特点，使其非常适于作为电池的电解液。寇元等[31]采用离子液体 1,2-二甲基-4-氟吡啶-四氟化硼（DMFPBF$_4$）作为电池的电解液，并对该电池的性能进行了研究，结果表明，该离子液体电解液在很宽的温度范围内可以与锂稳定共存，电化学窗口约为 4.11V，氧化电位大于 5V，故以该种离子液体为电解液的 Li/LiMn$_2$O$_4$ 电池具有较高的循环效率。章正熙等[32]研究了阴离子为 BF$_4^-$ 和 TFSI$^-$ 系列室温离子液体绿色电解液的电化学性能。实验研究了在不同温度范围内，亲水型甲基烷基咪唑四氟硼酸盐和憎水型甲基烷基咪唑二（三氟甲基磺酰）亚胺盐两个系列的离子液体的电导率与温度的变化关系。测定结果表明，两个系列的离子液体的电化学窗口都在 4V 左右，对于相同阳离子而言，TFSI$^-$ 系列的电化学窗口均比 BF$_4^-$ 大，而且通过加入有机溶剂，可以显著地降低黏度，还能提高电解液的电导率。Greenbaum 等[33]采用离子液体 1-甲基-3-丙基吡咯二（三氟甲基硫酰）铵盐（PI$_3$TFSI）作为电解液，将酰氨锂溶解在含有离子液体的电解液中，得到具有电化学稳定好、离子电导性能高的电解液。Kuniaki 等[34]采用离子液体作为电解铜的电解液，与常规的水电解液相比，其电解过程更容易进行。Song 等[35]对含离子液体 1-甲基-3-丙基咪唑碘代盐的固体材料的电导率进行研究，结果表明，该材料具有高的电导率，适于太阳能电池。

当在水溶液中进行金属电沉积时，由于产生的氢气滞留在纳米材料中，很难排出，从而影响金属材料的性能。而在离子液体中进行金属电沉积时，由于离子液体稳定，无气体溢出，可避免上述问题，而且离子液体的电导率高，非常适合作为电沉积的媒介。Lesniewski 等[36]通过共价成键反应，将离子液体固定到硅酸盐材料表面，制备了含离子液体的电极，并用于从含有 Fe(CN)$_3^-$ 的水溶液中堆积

$Fe(CN)_6^{3-}$阴离子。杨培霞等[37]对离子液体中电沉积钴金属纳米材料进行了研究，与在水溶液中进行的电沉积相比，在离子液体中能够得到更好的金属纳米晶体。

陈松等[38]采用循环伏安法和恒电位电解法研究了离子液体 $EmimBF_4$ 中硝基苯在微铂电极上的选择性电还原特性。结果表明，在 $EmimBF_4$ 中硝基苯和水的浓度变化对电化学行为产生较大影响，硝基苯在铂电极上的电还原反应主要产物为氧化偶氮苯，通过控制电位可以选择性地合成氧化偶氮苯和偶氮苯。Bando 等[39]采用疏水性离子液体 1-丁基-3-甲基吡咯二（三氟甲基硫酰胺）盐为溶剂，进行了电化学还原钯卤化物的研究，将 Pd^{2+} 还原成 Pd，并在电极表面获得 Pd 金属晶体。Ding等[40]将细胞色素 C 与离子液体 2-甲基-N-丁基吡啶四氟硼酸盐固定在石墨电极的表面，对从细胞色素 C 到石墨电极的直接电子迁移进行了研究，结果表明，离子液体能够显著地促进这种直接电子迁移。将该体系应用于生物传感器，成功地对过氧化氢进行了定量测定。Sun 等[41]以 N-丁基吡啶六氟磷酸盐离子液体改进碳电极，并进行电化学催化、氧化多巴胺，结果表明，采用离子液体改进的电极电化学响应增强，而且具有更高的活性。

随着离子液体种类的迅速增加，有关离子液体在电化学领域的应用研究也在不断拓展。人们已经开始根据不同电化学应用的需要，设计具有特定官能团的离子液体，以期改善其电化学性质。但仍有不少问题亟待解决，如黏度相对较高，有些种类对水、空气敏感等。

1.1.3.3　萃取分离

离子液体作为一种相对环境友好的绿色溶剂已广泛地应用于金属离子、有机物、生物分子的萃取分离。Rogers 等[42]采用疏水性咪唑类离子液体作为溶剂，对水溶液中的重金属离子 Hg^{2+} 和 Cd^{2+} 进行了萃取研究。对 Hg^{2+} 和 Cd^{2+} 两种金属离子的萃取情况表明，随着阳离子烷基侧链的增大，金属离子在离子液体与水中的分配系数也显著增大，而当咪唑阳离子的侧链被引入含硫、氮的巯基和尿素基团后，金属离子 Hg^{2+} 和 Cd^{2+} 在离子液体中的分配系数也明显增大。基于此，可以采用不同烷基侧链的离子液体对以上两种金属实现萃取分离。Goto 等[43]采用离子液体为溶剂，以杯环芳烃为萃取剂，对金属离子（Ag^+，Cu^{2+}，Zn^{2+}，Co^{2+}，Ni^{2+}）的萃取进行了研究，结果表明，只有 Ag^+ 能够从水溶液中萃取到离子液体相中。机理研究表明，在萃取过程中，Ag^+ 与杯环芳烃形成了 1∶1 的配合物，从而被萃取到离子液体中，改变水溶液的酸度可以破坏配合物的形成，从而将 Ag^+ 从离子液体中反萃取出来。

Luo 等[44] 用离子液体为溶剂，以冠醚为辅助萃取剂，对水溶液中的 Cs^+ 进行了萃取研究，结果表明，Cs^+ 能从水溶液中被萃取到离子液体相中，同时该萃取体系对 Cs^+ 的选择性较高，其他金属如 Na^+ 和 Sr^+ 等不影响萃取效果。Luo 等[45] 又采用咪唑基和吡啶基离子液体作为溶剂，以合成的 N-烷基冠醚为萃取剂，对多种金属离子进行了萃取研究。结果表明，不同结构的离子液体，对各种金属的萃取选择性顺序不同。因此，选择适合的离子液体与 N-烷基冠醚体系，可以实现对金属离子 Sr^{2+} 的选择性萃取。

Bartsch 等[46] 采用离子液体为溶剂，以冠醚（DC18C6）作为辅助萃取剂，对 K^+、Rb^+、Cs^+、Na^+、Li^+ 的萃取情况进行了研究，结果表明，离子液体选择性萃取碱金属离子的顺序为：$K^+>Rb^+>Cs^+>Na^+>Li^+$，随着离子液体阳离子烷基链长度的增大，上述碱金属离子的萃取能力降低，但对 K^+、Rb^+、Cs^+ 离子的选择性更强，而且溶液中的阴离子并不影响萃取结果。

Rogers 等[47] 报道了离子液体萃取分离多种金属离子的新方法，采用辅助萃取溶剂，将水溶性的金属离子 Hg^{2+}、Cd^{2+}、Co^{2+}、Ni^{2+}、Fe^{3+} 从水溶液中萃取到离子液体中，对 pH 及阴离子的影响进行了系统研究，结果表明，pH 对萃取有较大的影响，阴离子 SCN^- 对 Hg^{2+} 的萃取有显著的影响。Huang 等[48] 采用离子液体 $BmimPF_6$ 作为溶剂，对铜进行了萃取分离研究。结果表明，纳米氧化铜（CuO）与其他铜离子（Cu^+、Cu^{2+}）一样，可以被萃取到离子液体里，通过测定发现离子液体中铜的存在形式为 Cu^{2+}。在萃取过程中，氧化铜在离子液体中溶解转变为 Cu^{2+}，然后 Cu^{2+} 与咪唑阳离子配位，形成 $[Cu(mim)_4(H_2O)_2]^{2+}$，从而被萃取到离子液体中。Mek-ki 等[49] 采用水/离子液体/超临界 CO_2 体系对镧系金属进行了萃取研究，其所得萃取率大于 87%，在萃取过程中镧系金属与离子液体发生了配位。Wei 等[50] 采用离子液体为溶剂，以双硫腙作为螯合剂，对铅、铜、银的萃取进行了研究。在萃取过程中，重金属离子先与双硫腙形成螯合化合物，然后被萃取到离子液体 $BmimPF_6$ 中。通过调节溶液的 pH 可以有效提高重金属离子的萃取率。Shan 等[51] 采用强疏水性离子液体 1-辛基-3-甲基咪唑六氟磷酸盐（$OmimPF_6$）对环境污染水中的重金属进行了萃取，结果表明，铅可以被萃取到离子液体中。

烷烃、酚类、醚类等有机物被广泛应用于化学工业领域，由于分离技术问题或成本问题，这些有机物不能充分地回收再利用，而直接排放到环境中。因此，对工业生产中废弃的污染物的回收是非常必要的。李闲等[52] 以疏水性离子液体作为溶剂，分别对苯酚、苯基酚、苯二酚进行了萃取分离研究，结果表明，萃取过程很快达到平衡，与传统有机溶剂萃取相比，分配系数处在同一个数量级。不同类型的离子液体对不同取代基的酚类萃取能力有很大差异，因此可以通过调节离子液体结构使其适用于不同成分的含酚废水。Khachatryan 等[53] 对采用离子液体萃取酚类物质进行了研究，通过伏安法可以实现离子液体中硝基酚类物质的氧化或还原反应，而无需将酚类物质反萃取出来。

Zhu 等[56] 以离子液体 $BmimPF_6$ 为溶剂，采用离心萃取技术对乙苯/辛烷混合物体系中乙苯的萃取进行了研究。结果表明，在适合的实验条件下，90%的乙苯可以从乙苯/辛烷混合物体系中被萃取出来。通过引入离心萃取技术，克服了离子液体黏度大的问题，又加快了萃取过程中相的分离。Abbott 等[57] 采用 Lewis 酸性离子液体对甘油进行了萃取研究，并对萃取过程中离子液体阳离子、萃取时间等参数进行了优化，并成功地将甘油从离子液体中分离出来。刘庆芬等[58] 建立了由亲水性离子液体 1-甲基-3-丁基咪唑四氟硼酸盐（$BmimBF_4$）和 NaH_2PO_4 形成的双水相体系萃取青霉素 G 的新方法，考察了青霉素浓度、盐浓度、离子液体浓度等对青霉素 G 萃取的影响，结果表明，pH 在 4~5 范围内，青霉素 G 的萃取率 90%以上，而且在萃取过程中可避免乳化现象的发生。

由于离子液体具有不挥发的特性，而且具有适当的黏度，因此，可以作为液相微萃取的萃取相。Liu 等[55] 采用离子液体 1-辛基-3-甲基咪唑六氟磷酸盐作为液相微萃取溶剂，对多环芳烃进行了萃取分离。如图 1-6 所示，将离子液体制成小微珠，采用浸渍和悬挂两种方式对多环芳烃进行萃取，结果表明，1-辛醇能够被离子液体微珠所浓集，比较两种操作方式的萃取结果，直接浸渍能够取得更高的富集效果。

朱吉钦等[54] 采用气液色谱法，以 1-丁基-3-甲基咪唑六氟磷酸盐（$BmimPF_6$）、1-烯丙基-3-甲基咪唑四氟硼酸盐（$AmimBF_4$）、1-异丁烯基-3-甲基咪唑四氟硼酸盐（$MPmimBF_4$）等新型离子液体以及 $MPmimBF_4+AgBF_4$ 复合型离子液体作为色谱固定液，考察了离子液体对烷烃/芳烃、烷烃/烯烃和烯烃异构体的分离效

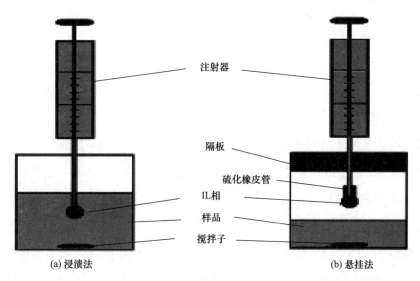

注射器

隔板

硫化橡皮管

IL相

样品

搅拌子

(a) 浸渍法　　　　　　　　　(b) 悬挂法

图 1-6　两种离子液体液相微萃取方式

果。结果表明，离子液体可以很好地分离烷烃/芳烃和烷烃/烯烃，$BmimPF_6$ 和 $MPmimBF_4+AgBF_4$ 对烯烃异构体有较好的分离效果。

以离子液体为溶剂，可以直接萃取某些金属离子，对于不能直接萃取的金属离子，也可在辅助萃取剂存在的条件下实现萃取。目前，离子液体可对常见的碱土金属、重金属离子进行萃取分离，对于环境污染物中的有害重金属的提取分离，也取得了较好的效果。研究表明，离子液体对很多种有机物有很好的溶解性能，特定的分离体系可以实现对烷烃、芳烃及酚类物质的分离，而且由于离子液体具有适合的黏度、较宽的液态温度范围，使其能更广泛地应用于特殊的分离体系。

1.2 生物分子的萃取分离

核酸、蛋白质、氨基酸等生物分子是生物体的重要物质基础，这些生命物质决定着生物体的一切生命活动，如新陈代谢、传递遗传信息、控制胚胎分化、促进生长发育、产生免疫等。在生命科学研究中，实际生物样品中的 DNA、蛋白质等生物分子与基体组分混合共存，对这些生命物质进行分离纯化从而获得高纯样品是进行后续研究和分析检测的前提。生物分子的萃取分离主要是采用液相萃取和固相萃取两种方法，在此基础上，又发展了反胶团萃取、双水相萃取、微芯片分离提取等。

1.2.1 液相萃取

液相萃取是最常用的萃取分离方法。Morrison 等[59] 采用中性盐溶液提取细胞色素 C，粗提取后的细胞色素 C 再通过交换树脂进行纯化。Holton 等[60] 报道了一种从蓝藻冻干细胞中提取细胞色素的方法，采用 DEAE—纤维素柱进行分离并采用$(NH_4)_2SO_4$ 蒸馏法进行纯化，从而可以获得细胞色素。这些报道的方法适用于纯度较低的细胞色素的提取，提取后的细胞色素粗品需进一步纯化，操作过程较多。由于采用盐提取使细胞色素样品中盐的浓度较高。Sassa 等[61] 报道了关于 DNA 样品的萃取及纯化方法，首先采用 polyvinyl-polypyrrolidone（PVPP）树脂去除腐殖物质，然后用 Chelex 树脂去除重金属，前处理完成后，再用苯酚溶液萃取 DNA。采用苯酚—氯仿—戊醇萃取分离体系也能提取全血中的 DNA[62]。采用碱消退法，以乙醇作为沉淀剂，可以实现大量 DNA 样品的处理，并且在操作过程中不需进行离心分离[63]。

1.2.2 固相萃取

固相萃取是较为常用的萃取分离及纯化方法，即在适当条件下使生物大分子（DNA、蛋白质）通过氢键或静电等相互作用力吸附在固相萃取剂的表面，从而达到与样品基体组分及其他杂质分离的目的，然后采用适宜的洗脱剂将吸附在固相表面的生物样品洗脱下来。这个过程除了可以实现分离纯化，还可达到适度富集的目的。目前常用的固相吸附剂有硅胶、分子筛、树脂等。以硅胶作为吸附材料对不同生物样品中的 DNA 的萃取分离研究已相当广泛[64-66]。Delefosse 等[67] 采用 King-Fisher 技术，以顺磁性的硅石作为固相吸附材料，使硅石与 DNA 结合，从而实现对 DNA 的萃取分离，该方法不仅可以去除样品中的 PCR 扩增抑制物质，而且操作步骤简单。West 等[68] 采用具有 Chaotropic Salt 的硅石作为固相吸附剂，在流动系统中进行萃取分离操作，在高速运转的条件下仍然能保持 DNA 的吸附效率。Vignoli

等[69] 采用螯合树脂 Chelex-100 作为吸附材料，对血液样品中的 HIV-1 DNA 进行了分离萃取，与经典的蛋白酶 K 降解方法相比，该方法能够获得较高的 DNA 回收率，同时还能减少污染，更适用于 PCR 扩增。聚乙烯亚胺（Polyethylenimine，PEI）中的氨基可以与 DNA 链上带负电性的磷酸根通过静电作用缔合成复合物，用聚乙二醇（Polyethylene Glycol，PEG）修饰 PEI 形成 PEG-PEI 共聚物作为固相萃取剂，可以实现对质粒 DNA 的萃取，而且分离出的 DNA 中不含有 RNA，只有少量的蛋白质[70]。

1.2.3　其他萃取分离技术

反胶团萃取是近年发展起来的分离和纯化生物物质的新方法。它是表面活性剂分子溶于非极性溶剂中自发形成的聚集体，其中表面活性剂的极性头朝内而非极性头朝外与有机溶液接触，胶团内可溶解少量水而形成微型水池，蛋白质、核酸、氨基酸等生物分子溶解在其中，由于胶团的屏蔽作用，这些生物物质不与有机溶液直接接触，起到保护生物物质活性的作用，从而实现生物物质的溶解和分离。应用反胶团可实现对大豆蛋白[71]、血红蛋白[72]、活性酶[73]、质粒 DNA[74,75] 的萃取。采用丁二酸二异辛酯磺酸钠（AOT）/异辛烷反胶束体系可以萃取低温脱脂豆粕中的蛋白质[76]，而采用 NaOH 皂化 P_{204}/正辛烷微乳体系可萃取分离大豆蛋白[77]。

胡松青等[78] 采用 PEG/磷酸盐双水相系对牛血清白蛋白（BSA）进行了萃取研究，并考察了双水相系统成相浓度、外加盐 NaCl 等条件下 BSA 在两相间的分配情况。邓凡政等[79] 以亲水性离子液体 $BmimBF_4$ 与 KH_2PO_4 形成的双水相体系对 BSA 进行了萃取研究，结果表明，BSA 在富含离子液体相中的分配系数更高，这种离子液体 22 水相体系可实现对 BSA 的萃取分离。

金谷等[80] 采用浊点萃取法（以 Tween 80 作为溶剂），以高分子试剂聚乙烯醇缩对甲酰基苯基偶氮变色酸（PV·FPNS）作为萃取剂，对牛血清蛋白（BSA）和牛血红蛋白（BHA）的萃取进行了研究，结果表明，两种蛋白质都能被定量萃取。Ono 等[81] 采用表面活性剂分子萃取分离蛋白质时，增强蛋白质与表面活性剂的相互作用可显著提高萃取能力。

芯片提取和电泳分离技术也被用于 DNA 的分离纯化[82-84]，采用硅石、玻璃、离子交换树脂及经过修饰的磁珠或高分子聚合物等作为 DNA 的固相载体，在微芯片中进行 DNA 的提取或电泳分离。采用 Silicon-PDMS-Glass 微芯片，以 KI 作为键合反应试剂可以实现 DNA 的萃取分离[85]。也可以采用磁性技术，将磁珠引入微芯片，通过磁珠将 DNA 萃取分离[86]。采用多孔氧化硅载体作为 DNA 的固相载体，对 DNA 进行微芯片提取，由于多孔氧化硅具有大的比表面积，因此，可以显著提高 DNA 的提取产率[87]。

1.3　离子液体在生物分子萃取分离中的应用

在生物分子的萃取分离方面，离子液体首先被用来萃取分离氨基酸。氨基酸是一类亲水性的生物分子，采用常规的有机溶剂对其进行直接萃取是非常困难的，一般通过加入亲脂性的阳离子或阴离子萃取剂，形成疏水性配合物，从而被萃取到有机溶剂中，其中最常用的辅助萃取剂是冠醚（DCH18C6）[88]。Smirnova 等[89] 采用疏水性离子液体 BmimPF$_6$ 作为溶剂，以冠醚（DCH18C6）作为辅助萃取剂，对多种氨基酸的萃取进行了研究。结果表明，当无辅助萃取剂存在时，离子液体不能萃取氨基酸，而通过加入冠醚（DCH18C6）辅助萃取剂，即使是最亲水的氨基酸的萃取效率也可达 90% 以上。通过对溶液 pH、冠醚浓度、离子液体体积等条件的研究，建立了离子液体萃取分离氨基酸的方法，并将该方法应用于实际发酵样品中的氨基酸的回收提取。

蛋白质是一类重要的生物大分子，研究表明酶类物质在离子液体中具有较高的活性[90]，而且在离子液体中一些生物催化反应也可以很好地完成[91]。但是由于蛋白质不能直接溶解在离子液体中，因此限制了这方面研究的发展。Goto 等[92] 研究发现，含有丰富赖氨酸的血红素蛋白（细胞色素 C）在合适的辅助萃取剂存在下，可以被萃取到离子液体中。采用冠醚（DCH18C6）为萃取剂，以离子液体 1-羟乙基-3-甲基咪唑双（三氟甲基磺酸）酰亚胺盐（C$_2$OHmimTf$_2$N）为溶剂，实现了离子液体对细胞色素 C 的萃取。对萃取机理的研究表明，细胞色素 C 与 DCH18C6 发生配位作用，生成的配合物被萃取到离子液体中，如图 1-7 所示。并对离子液体中的细胞色素 C 的构型及生物活性等进行了研究。Goto 等[93] 还合成了具有功能化侧链 DCH18C6 的离子液体 18C6mimPF$_6$，并将其作为辅助萃取溶剂，将细胞色素 C 萃

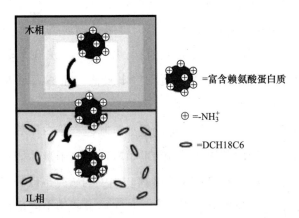

图1-7　富含赖氨酸的蛋白质表面的氨基 NH_3^+ 与 DCH18C6

结合生成配合物促使蛋白质进入离子液体相

取到不同的离子液体中。研究表明，$18C6mimPF_6$ 萃取细胞色素 C 的萃取机理与 DCH18C6 的萃取机理相同，但是用 $18C6mimPF_6$ 时可以更有效地将细胞色素 C 从离子液体中反萃取到水溶液中。

　　以上研究表明，在适合的辅助萃取剂存在的条件下，离子液体可以实现对特定蛋白质的萃取。而采用特定的离子液体萃取体系对蛋白质的萃取分离也有相关的报道。Wang 等[94] 采用离子液体 BmimCl 与磷酸二氢钾（KH_2PO_4）组成的双水相体系对牛血清白蛋白（BSA）进行了萃取研究，结果表明，水相中的白蛋白能被萃取进入离子液体中，其萃取机理主要是盐析作用，白蛋白与离子液体并没有发生化学作用。通过对萃取条件的优化，建立了离子液体双水相萃取分离白蛋白的新方法，将该方法应用于人尿液中白蛋白的萃取分离，并成功地进行了蛋白质电泳测定。邓凡政等[79] 也建立了由亲水性离子液体四氟硼酸 1-甲基-3-丁基咪唑（$BmimBF_4$）和 KH_2PO_4 形成的双水相体系萃取分离 BSA 的新方法，研究了不同种类的盐及其浓度、离子液体浓度以及蛋白质用量、溶液酸度、其他共存物质对双水相成相及 BSA 萃取率的影响。结果表明，溶液的 pH 在 4~8 范围内，磷酸二氢钾盐浓度为 80g/L，离子液体浓度在 160~240mL/L 时，离子液体双水相体系对 30~50m/L 浓度范围内的 BSA 有较高的萃取率。采用以上离子液体双水相也可以对睾丸激素及表睾酮进行萃取分离。He 等[95] 采用离子液体/盐双水相体系对尿中的睾丸激素及表睾酮进行了萃取，由亲水性的离子液体 BmimCl 与磷酸氢二钾构成的双水相体系，对睾丸激素及表睾酮两种物质的一次萃取率可达 80%~90%，可以实现对两种物质的富集，并用高效液相色谱对离子液体相中两种物质的含量进行直接测定。该方法在萃取过程中，避免了有机溶剂的使用，而且检测线性范围宽，检出限低，能够满足人尿液中睾丸激素及表睾酮的测定。

通过以上研究可以看出，尽管生命物质如氨基酸、蛋白质等不能直接溶解在离子液体中，但是采用适当的萃取体系或辅助萃取剂，离子液体能够实现对生物分子如氨基酸、白蛋白、细胞色素 C 的萃取分离。相关的研究也已表明，在离子液体中生物分子的活性、稳定性能够显著提高，并且在离子液体中能成功地进行生物催化等生化反应，因此采用离子液体萃取生命物质的研究具有非常重要的意义。但是目前为止，关于离子液体萃取生物大分子的报道还很少。目前能够适用于生物分子萃取的分离体系及辅助萃取剂的种类也不多，常用的冠醚类辅助萃取剂既能与金属结合也能与蛋白质作用，因此在萃取分离生物分子过程中，不可避免地会引入金属类杂质。因此，设计出具有特定官能团的离子液体对生物分子如氨基酸、蛋白质、DNA 等进行直接萃取分离是一个有效地途径。

1.4　展望

DNA、蛋白质等生物分子是重要的生命物质，对这些生物分子的分析检测在生命分析、临床诊断、疾病预防等方面有重要意义。然而，在实际生命样品中，由于DNA、蛋白质等与基体组分共存，将 DNA、蛋白质组分从复杂的样品基体中分离出来是一个必不可少的重要步骤，建立高效、高选择性、环境友好的 DNA、蛋白质萃取分离方法是保证分析结果准确可靠的重要前提。液相萃取及固相萃取是萃取分离DNA、蛋白质的常用方法，在此基础上，又发展了反胶团萃取、微芯片、微流控等萃取分离技术。以上萃取分离方法均可以实现 DNA 的分离，但是这些方法都存在着一定的局限性。对于固相萃取，适合的固相萃取材料种类太少，开发新的萃取材料是固相萃取的一个主要研究方向；对于反胶束萃取方法，由于蛋白质分子通过电荷或静电作用而进入胶束内部，因此，适用于蛋白质的萃取分离，但是，对于多种蛋白质的混合体系，采用反胶束萃取方法很难将特定的蛋白质分离出来。对于液相萃取方法，常使用一些易挥发、易燃烧、有毒的有机溶剂，这不仅带了环境的污染，同时也会对生物分子产生毒性作用，因此，开发绿色、无污染的萃取分离方法是液相萃取的一个发展方向。

离子液体作为一种环境相对友好的新型绿色溶剂，具有良好的热稳定性、低蒸汽压、不挥发等特性，通过对离子液体的阴、阳离子的结构设计，开发出具有特殊功能的离子液体，提高离子液体自身的性能如热稳定性、黏度等以满足特定的分离技术要求，从而使其更适合作为萃取分离的溶剂。以离子液体作为萃取溶剂进行萃取分离可以减少有机溶剂带来的环境污染及对操作人员的危害，因此，用离子液体替代传统的有机溶剂用于生命物质 DNA、蛋白质的萃取分离是一种绿色、环境友好的萃取分离方法。

参考文献

［1］ WALDEN P B. Acad. Imper. Sci. (St. Petersburg)，1914，1800.

［2］ HURLEY F H，WIER T P. Electrodeposition of metals from fused quaternary ammonium salts ［J］. Journal of the Electrochemical Society，1951，98（5）：203-206.

［3］ WILKES J S，Zaworotko M J. Air and water stable 1-ethyl-3-methyl-limidazolium base ionic liquids ［J］. Journal of Chemical Society，Chemical Commnications，1992，（13）：965-967.

［4］ 刁香，李德刚. 离子液体的合成研究 ［J］. 精细石油化工进展，2005，7（5）：29-33.

［5］ CARDA-BROCH S，BERTHOD A，ARMSTRONG D W. Solvent properties of the 1-butyl-3-methylimidazolium hexafluorophosphate ionic liquid ［J］. Anal. Bioanal. Chem.，2003，375（2）：191-199.

［6］ SUAREZ P A Z，DULLIUS J E L，EINLOFT S. The use of new ionic liquids in two-phase catalytic hydrogenation reaction by rhodium complexes ［J］. Polyhedron，1996，15（7）：1217-1219.

［7］ ZHAO D B, WU M, KOU Y, et al. Ionic liquids：applications in catalysis ［J］. Catalysis Today, 2002, 74 (112)：157-189.

［8］ 朴玲钰, 付晓, 杨雅立, 等. 离子液体的酸性测定及其催化的二苯醚/十二烯烷基化反应 ［J］. 催化学报, 2004, 25 (1)：44-48.

［9］ ELAIWI A, HITCHCOCK P B, SEDDON K R, et al. Hydrogen-bonding in imidazolium salts and its implications for ambient-temperature halogenoaluminate (III) ionic liquids ［J］. J. Chem. Soc. Dalton Trans. 1995, 21：3467-3472.

［10］ 刘靖平, 任周阳, 赵元鸿, 等. 几种新型离子液的合成 ［J］. 有机化学, 2004, 24 (9)：1091-1094.

［11］ 段海峰, 张所波, 林英杰, 等. 新型室温离子液体六烷基胍盐的制备及性质 ［J］. 高等学校化学学报, 2003, 24 (11)：2024-2026.

［12］ CHUN S K, DZYUBA S V, BARTSCH R A. Influence of structural variation in room-temperature ionic liquids on the selectivity and efficiency of competitive alkali metal salt extraction by crown ether ［J］. Anal. Chem., 2001, 73 (15)：3737-3741.

［13］ 赵忠奎, 袁冰, 李宗石, 等. 环境友好的离子液体及其在付-克反应中的应用 ［J］. 中国基础科学, 2004, 1, 19-25.

［14］ SMITH G P, DWORKIN A S, PACIN R M, et al. Quantitative study of the acidity of HCl in a molten chloraluminate system (AlCl$_3$ 1-mothyl-3-methyl-1H-imidazolium chloride) as a function of HCl pressure and meltcomposition ［J］. J. Am. Chem. Soc., 1998, 111 (14)：5075-5077.

［15］ BICAK N. A new ionic liquid：2-hydroxy ethylammonium formate ［J］. Journal of Molecular Liquids, 2005, 116 (1)：15-18.

［16］ 赵三虎, 陈兆斌. 离子液体的合成及其在 Baylis-Hillman 反应中的应用 ［J］. 山西大学学报：自然科学版, 2004, 27 (4)：384-386.

［17］ BONHOTE P, DIAS A P, PAPAGEORGIOU N, et al. Hydrophobic, highly conductive ambient-temperature molten salts ［J］. Inorg. Chem., 1996, 35 (5)：1168-1178.

［18］ LALL S I, MANCHENO D, CASTRO S, et al. Polycations Part X. LIPs, a new category of room temperature ionic liquid based on polyammonium salts ［J］. Chem. Commun. , 2000 （24） 2413-2414.

［19］牟宗刚，梁永民，张书香，等.含膦酸酯官能团离子液体对钢/铝摩擦副的润滑作用研究 ［J］.摩擦学学报，2004, 24 （4）：294-298.

［20］张伟，吴巍，张树忠，等.BmimBF$_4$ 离子液体中 PCl$_3$ 催化的液相贝克曼重排 ［J］.过程工程学报，2004, 4 （3）：261-264.

［21］陈治明，李存雄，余大坤.离子液体超酸清洁催化苯的烷基化反应 ［J］.有机化学，2004, 24 （10）：1307-1309.

［22］孙学文，赵锁奇，王仁安.BmimCl/FeCl$_3$离子液体催化苯与乙烯烷基化的反应机理 ［J］.催化学报，2004, 25 （3）：247-251.

［23］乔琨，邓友全.超强酸性室温离子液体反应介质中烷烃羰化研究 ［J］.化学学报，2002, 60 （8）：1520-1523.

［24］石峰，马宇春，周瀚成，等.钯-离子液体/钛硅复合氧化物催化剂的合成及在胺羰化中的应用 ［J］.高等学校化学学报，2002, 23 （9）：1781-1783.

［25］邹长军.1-丁基吡啶/AlCl$_4$ 离子液体环境友好催化体系中反丁烯二酸二甲酯的合成 ［J］.化工生产与技术，2002, 9 （6）：7-9.

［26］刘宝友，许丹倩，罗书平，等.Bronsted 酸离子液体催化的醛、酮、胺三组分 Mannich 反应 ［J］.化工学报，2004, 55 （12）：2043-2046.

［27］徐欣明，李毅群，周美云.功能化离子液体氯化 1-（2-羟乙基）-3-甲基咪唑嗡盐催化的 Knoevenagel 缩合反应 ［J］.有机化学，2004, 24 （10）：1253-1256.

［28］张庆华，石峰，邓友全.硅胶担载离子液体催化剂的制备及其在由胺制二取代脲反应中的应用 ［J］.催化学报，2004, 25 （8）：607-610.

［29］龚勇华，薛浩然，谢在库，等.离子液体 BmimBF$_4$/水混合溶剂中的 1-丁烯氢甲酰化反应研究 ［J］.有机化学，2004, 24 （9）：1108-1110.

［30］郑宏杰，李敏，陈华，等.高活性离子液体-铑膦络合物体系催化 1-己烯氢甲酰化反应 ［J］.催化学报，2005, 26 （1）：4-6.

［31］刘卉，陶国宏，邵元华，等.功能化的离子液体在电化学中的应用 ［J］.化学通报，2004, 11, 795-801.

[32] 章正熙，高旭辉，杨立. BF₄⁻ 和 TFSI⁻ 系列室温离子液体绿色电解液的电化学性能 [J]. 科学通报，2005，50（15）：1584-1588.

[33] YE H, HUANG J, XU J J, et al. Li ion conducting polymer gel electrolytes based on ionic liquid/PVDF-HFP blends [J]. Journal of the Electro Chemical Society, 2007, 154 (11): A1048-A1057.

[34] KUNIAKI M, RYOICHI K, TAKUMA K, et al. Electrochemical alloying of copper substrate with tin using ionic liquid as an electrolyte at medium-low temperatures [J]. Journal of the Electrochemical Society, 2007, 154 (11): 612-616.

[35] CHERUVALLY G, KIM J K, CHOI J W, et al. Electrospun polymer membrane activated with room temperature ionic liquid: Novel polymer electrolytes for lithium batteries [J]. Journal of Power Sources, 2007, 172 (2): 863-869.

[36] LESNIEWSKI A, NIEDZIOLKA J, PALYS B, et al. Electrode modified with ionic liquid covalently bonded to silicate matrix for accumulation of electroactive anions [J]. Electrochemisty Communications, 2007, 9 (10): 2580-2584.

[37] 杨培霞，安茂忠，苏彩娜，等. 离子液体中电沉积制备钴纳米线阵列 [J]. 无机化学学报，2007，23（9）：1501-1504.

[38] 陈松，马淳安，褚有群，等. 硝基苯在离子液体 EmimBF₄ 中的选择性电还原 [J]. 高等学校化学学报，2007，28（10）：1935-1939.

[39] BANDO Y, KATAYAMA Y, MIURA T. Electrodeposition of palladium in a hydrophobic 1-n-butyl-1-methylpyrrolidinium bis (trifluoromethylsulfonyl) imide room-temperature ionic liquid [J]. Elechrochimica Acta, 2007, 53 (1): 87-91.

[40] DING S F, WEI W, ZHAO G C. Direct electrochemical response of cytochrome c on a room temperature ionic liquid, N-butylpyridinium tetrafluoroborate, modified electrode [J]. Electrochemistry Communications, 2007, 9 (9): 2202-2206.

[41] SUN W, YANG M X, JIAO K. Electrocatalytic oxidation of dopamine at an ionic liquid modified carbon paste electrode and its analytical application [J]. Analytical and Bioanalytical Chemistry, 2007, 389 (4): 1283-1291.

[42] VISSER A E, SWATLOSKI R P, REICHERT W M, et al. Task-specific ionic

liquids incorporating novel cations for the coordination and extraction of Hg^{2+} and Cd^{2+}: synthesis, characterization, and extraction studies [J]. Environ. Sci. Technol. , 2002, 36 (11): 2523-2529.

[43] SHIMOJO K, GOTO M. Solvent extraction and stripping of silver ions in room-temperature ionic liquids containing calixarenes [J]. Anal. Chem. , 2004, 76 (17): 5039-5044.

[44] LUO H M, DAI S, BONNESEN P V, et al. Extraction of cesium ions from aqueous solutions using alix [4] arene-bis (tert-octylbenzo-crown-6) in ionic liquids [J]. Anal. Chem. , 2004, 76 (11), 3078-3083.

[45] LUO H M, DAI S, BONNESEN P V. Solvent extraction of Sr^{2+} and Cs^+ based on room-temperature ionic liquids containing monoaza-substituted crown ethers [J]. Anal. Chem. , 2004, 76 (10), 2773-2779.

[46] CHUN S K, DZYUBA S V, BARTSCH R A. Influence of structural variation in room-temperature ionic liquids on the selectivity and efficiency of competitive alkali metal salt extraction by a crown ether [J]. Anal. Chem. , 2001, 73 (15): 3737-3741.

[47] VISSER A E, SWATLOSKI R P, GRIFFIN S T, et al. Liquid/liquid extraction of metal ions in room temperature ionic liquids [J]. Separation Science and Technology, 2001, 36 (5-6): 785-804.

[48] HUANG H L, WANG H P, WEI G T, et al. Extraction of nanosize copper pollutants with an ionic liquid [J]. Environ. Sci. Technol. . 2006, 40 (15): 4761-4764.

[49] MEKKI S, WAI C M, BILLARD I, et al. Extraction of lanthanides from aqueous solution by using room-temperature ionic liquid and supercritical carbon dioxide in conjunction [J]. Chem-A Euro. J. , 2006, 12 (6): 1760-1766.

[50] WEI G T, YANG Z, CHEN C J. Room temperature ionic liquid as a novel medium for liquid/liquid extraction of metal ions [J]. Analytica Chimica Acta, 2003, 488 (2): 183-192.

[51] SHAN H X, LI, Z J, LI M. Ionic liquid 1-octyl-3-methylimidazolium hexaflu-

orophosphate as a solvent for extraction of lead in environmental water samples with detection by graphite furnace atomic absorption spectrometry ［J］. Microchimica Acta, 2007, 159 (1-2): 95-100.

［52］ 李闲, 张锁江, 张建敏, 等. 疏水性离子液体用于萃取酚类物质 ［J］. 过程工程学报, 2005, 5 (2): 148-151.

［53］ KHACHATRYAN K S, SMIRNOVA S V, TOROCHESHNIKOVA I I, et al. Solvent extraction and extraction-voltammetric determination of phenols using room temperature ionic liquid ［J］. Anal. Bioanal. Chem. , 2005, 381 (2): 464-470.

［54］ 朱吉钦, 陈健, 费维扬. 新型离子液体用于芳烃、烯烃与烷烃分离的初步研究 ［J］. 化工学报, 2004, 55 (12): 2091-2094.

［55］ LIU J F, JIANG G B, CHI Y G, et al. Use of ionic liquids for liquid-phase microextraction of polycyclic aromatic hydrocarbons ［J］. Anal. Chem. , 2003, 75 (21): 5870-5876.

［56］ ZHU J Q, CHEN J, LI C Y, et al. Centrifugal extraction for separation of ethylbenzene and octane using 1-butyl-3-methylimidazolium hexafluorophosphate ionic liquid as extractant ［J］. Separation and Purification Technology, 2007, 56 (2): 237-240.

［57］ ABBOTT A P, CULLIS P M, GIBSON M J, et al. Extraction of glycerol from biodiesel into a eutectic based ionic liquid ［J］. Green Chemistry, 2007, 9 (8): 868-872.

［58］ 刘庆芬, 胡雪生, 王玉红, 等. 离子液体双水相萃取分离青霉素 ［J］. 科学通报, 2005, 50 (8): 756-759.

［59］ MORRISON M, HOLLOCHER T, MURRAY R, et al. The isolation of cytochrome C by salt extraction ［J］. Biochimica et Biophysica Acta, 1960, 41 (2): 334-337.

［60］ HOLTON R W, MYERS J. Water-soluble cytochromes from a blue-green alga. I. Extraction, purification, and spectral properties of cytochromes C (549, 552, and 554, Anacystis nidulans) ［J］. Biochimica Biophysica Acta (BBA) -Bioenergetics, 1967, 131 (2): 362-374.

[61] SASSA H. A technique to isolate DNA from woody and herbaceous plants by using a silica-based plasmid extraction column [J]. Analytical Biochemistry, 2007, 363 (1): 166-167.

[62] HAUNSHI S, PATTANAYAK A, BANDYOPADHAYA S, et al simple and quick DNA extraction procedure for rapid diagnosis of sex of chicken and chicken embryos [J]. Journal of Poultry Science, 2008, 45 (1): 75-81.

[63] LI X L, JIN H L, WU Z F, et al. A continuous process to extract plasmid DNA based on alkaline lysis [J]. Nature Protocols, 2008, 3 (2): 176-180.

[64] ROOSE-AMSALEG C L, GARNIER-SILLAM E, HARRY M. Extraction and purification of microbial DNA from soil and sediment samples [J]. Applied Soil Ecology, 2001, 18 (1): 47-60.

[65] OLIVERI C, FREQUIN M, MALFERRARI G, et al. A simple extraction method useful to purify DNA from difficult biologic sources [J]. Cell Preservation Technology, 2006, 4 (1): 51-54.

[66] ARANISHI F, OKIMOTO T. A simple and reliable method for DNA extraction from bivalve mantle [J]. Journal of Applied Genetics, 2006, 47 (3): 251-254.

[67] DELEFOSSE T, HIENNE R. Extracting DNA from all forensic samples with King-FisherR technologies [J]. International Congress Series, 2004, 1261, 577- 579.

[68] WEST J, BOERLIN M, JADHAV A D, et al. Silicon microstructure arrays for DNA extraction by solid phase sample contacting at high flow rates [J]. Sensors and Actuators B-Chemical Biochemical Sensors, 2007, 126 (2): 664-671.

[69] VIGNOLI C, LAMBALLERIE X D, ZANDOTTI C, et al. Advantage of a rapid extraction method of HIV1 DNA suitable for polymerase chain reaction [J]. Res. Virol., 1995, 146, 195-162.

[70] DUARTE S P, FORTES AG, PRAZERES D M F, et al. Preparation of plasmid DNA polyplexes from alkaline lysates by a two-step aqueous two-phase extraction process [J]. Journal of Chromatography A, 2007, 1164 (1-2): 105-112.

[71] 许林妹, 彭远宝. CTAB 反微团萃取大豆蛋白 [J]. 中国粮油学报, 2005, 20

（3）：48−50.

[72] VASUDEVAN M，WIENCEK J M. Mechanism of the extraction of proteins into tween 85 nonionic microemulsions [J]. Ind. Eng. Chem. Res.，1996，35（4），1085−1089.

[73] 刘俊果，邢建民，畅天狮，等. 反胶团萃取分离纯化纳豆激酶 [J]. 科学通报，2006，51（2）：133−137.

[74] 黄翠云，郑淑真，何宁，等. 反胶团法萃取质粒 DNA [J]. 厦门大学学报：自然科学版，2007，46（1）：82−86.

[75] STREITNER N，VOSS C，FLASCHEL E. Reverse micelles extraction systems for the purification of pharmaceutical grade plasmid DNA [J]. Journal of Biotechnology，2007，131（2）：188−196.

[76] 磨礼现，陈复生，杨宏顺. 反胶束溶液萃取大豆蛋白前萃工艺的研究 [J]. 食品科学，2004，25（3）：93−96.

[77] 周富荣，施华东. 皂化 P_{204} 微乳体系萃取大豆蛋白的研究 [J]. 化学研究与应用，2007，19（4）：446−449.

[78] 胡松青，李琳，李冰，等. PEG/磷酸盐双水相系统萃取 BSA 的研究 [J]. 华南理工大学学报：自然科学版，2002，30（8）：64−68.

[79] 邓凡政，郭东方. 离子液体双水相体系萃取分离牛血清白蛋白 [J]. 分析化学，2006，34（10）：1451−1453.

[80] 金谷，李吉峰，杨健. 聚乙烯醇缩对甲酰基苯基偶氮变色酸萃取亲水蛋白质及其作用机理 [J]. 分析化学，2004，32（6）：791−793.

[81] ONO T，GOTO M. Factors affecting protein transfer into surfactant−isooctane solution：A case study of extraction behavior of chemically modified cytochrome C [J]. Biotechnology Progress，1998，14（6）：903−908.

[82] WEN J，GUILLO C，FERRANCE J P，et al. Photopolymerized silica−based monolithic column in a fused−silica capillary DNA extraction using a tetramethyl orthosilicate−grafted photopolymerized monolithic solid phase [J]. Analytical Chemistry，2006，78（5）：1673−1681.

[83] BIENVENUE J M，DUNCALF N，MARCHIARULLO D，et al. Microchip−based

cell lysis and DNA extraction from sperm cells for application to forensic analysis [J]. Journal of Forensic Sciences, 2006, 51 (2): 266-273.

[84] LEGENDRE L A, BIENVENUE J M, ROPER M G, et al. A simple, valveless microfluidic sample preparation device for extraction and amplification of DNA from nanoliter - volume samples [J]. Analytical Chemistry, 2006, 78 (5): 1444-1451.

[85] CHEN X, CUI D F, LIU C C. High purity DNA extraction with a SPE microfluidic chip using KI as the binding salt [J]. Chinese Chemical Letters, 2006, 17 (8): 1101-1104.

[86] LEE J G, CHEONG K H, HUH N, et al. Microchip-based one step DNA extraction and real-time PCR in one chamber for rapid pathogen identification [J]. Lab on a Chip-Miniaturisation for Chemistry and Biology, 2006, 6 (7): 886-895.

[87] 陈兴, 崔大付, 刘长春, 等. 用于提取外周血 DNA 微流控样品预处理芯片的研制 [J]. 高等学校化学学报, 2006, 27 (4): 618-621.

[88] ZARNA N, CONSTANTINESCU T, CALDARARU H (1995) Supramol Sci 2: 37-40

[89] SMIRNOVA S V, TOROCHESHNIKOVA I I, FORMANOVSKY A A, et al. Solvent extraction of amino acids into a room temperature ionic liquid with dicyclohexano-18-crown-6 [J]. Anal. Bioanal. Chem., 2004, 378 (5), 1369-1375.

[90] SUMMERS C A, FLOWERS R A. Protein renaturation by the liquid organic salt ethylammonium nitrate [J]. Protein. Sci., 2000, 9 (10): 2001-2008.

[91] KAAR J L, JESIONOWSKI A M, BERBERICH J A, et al. Impact of ionic liquid physical properties on lipase activity and stability [J]. J. Am. Chem. Soc., 2003, 125 (14): 4125-4131.

[92] SHIMOJO K, KAMIYA N, TANI F, et al. Extractive solubilization, structural change, and functional conversion of cytochrome C in ionic liquids via crown ether complexation [J]. Anal. Chem., 2006, 78 (22): 7735-7742.

[93] SHIMOJO K, NAKASHIMA K, KAMIYA N, et al. Crown ether-mediated extraction and functional conversion of cytochrome C in ionic liquids [J]. Biomacromole-

cules, 2006, 7 (1): 2-5.

[94] DU Z, YU Y L, WANG J H. Extraction of proteins from biological fluids by use of an ionic liquid/aqueous two-phase system [J]. Chemistry-A European Journal, 2007, 13 (7): 2130-2137.

[95] HE C Y, LI S H, LIU H W, et al. Extraction of testosterone and epitestosterone in human urine using aqueous two-phase systems of ionic liquid and salt [J]. Journal of Chromatography A, 2005, 1082 (2), 143-149.

第 2 章　离子液体 1-丁基-3-甲基咪唑六氟磷酸盐（BmimPF_6）萃取 DNA 的研究

2.1　引言

核酸是一种重要的生命物质，是储存、复制和传递遗传信息的主要物质基础，在生长、遗传、变异等一系列重大生命现象中起决定性的作用。在生命科学研究中，DNA 的分析检测对生命现象的深入研究以及对临床诊断、疾病的治疗等均有重要的意义。

常用的 DNA 提取方法包括加热去蛋白法、碘化钠法、TT（TritonX-100 和 Tris-HCl）溶血法、氯化铵法等。提取过程包括首先加入裂解液将细胞破碎，再加入蛋白酶 K 和提取液，离心后加入乙醇、氯仿、异丙醇、苯酚等有机溶剂，将 DNA 从溶液中沉淀出来[1,2]。液相萃取是一种常见的萃取分离 DNA 的方法。Haunshi 等采用苯酚—氯仿—异戊醇萃取分离体系对人全血中的 DNA 进行了提取，并成功地将提取的 DNA 进行 PCR 扩增，并将该方法用于临床诊断[3]。Rayner 等[4] 在连续自动化的处理过程中采用碱消退法，以乙醇作为沉淀剂萃取分离 DNA，该萃取分离方法可以实现大量 DNA 样品的处理，并且在操作过程中不需进行离心分离。采用以上萃取分离方法，可以实现 DNA 的粗提取，操作简单，常用于大量 DNA 样品的提取。但是在 DNA 提取过程中，需要加入乙醇、氯仿等有机溶剂，而这些有机溶剂不仅易导致 DNA 变性，而且分离出的 DNA 极易被有机溶剂污染，而这种污染对后续的生命过程研究将产生严重影响，因此，酚类及氯仿等有机溶剂的液相萃取方法在 DNA 分离纯化中的应用已经不能适应现代生命科学研究的需要。

固相萃取是较为常用的 DNA 分离纯化技术，一般常用的固相萃取材料包括硅胶、分子筛、离子交换树脂等。Ohmori 等[5] 采用离子交换树脂对食品中的 DNA 进行萃取分离，并成功地进行了聚合酶链反应（PCR）扩增。Faggi 等[6] 将磁珠用于真菌 DNA 的提取，与常规的乙醇/氯仿提取方法相比，该方法更简单、快速，并且能得到与常规提取方法相同的 PCR 扩增结果。固相萃取除了可以分离纯化 DNA，还可达到适度富集的目的。Wang 等[7] 采用 SiO_2 作为固相吸附材料，在流动系统中对 DNA 的萃取分离进行了研究，通过采用合适的洗脱体系，可以将 DNA 与蛋白质、其他基体分离，并且实现对微量 DNA 的富集。但是目前可用的固相吸附剂种类尚不多。除了以上的液相萃取和固相萃取方法，还可以采用反胶束对 DNA 进行萃取分离，用甲基三辛基氯化铵（TOMAC）/2-乙基己醇/异辛烷反胶团体系能够对质粒子 DNA 进行很好的萃取[8]，而且采用适合的反胶团体系可以实现质粒 DNA 与 RNA 的分离[9]。但是由于蛋白质等生物分子易通过电荷或静电作用而进入胶束内部，因此，采用这种方法将复杂生物体内的 DNA 与蛋白质进行有效的分离尚有难度。其他的萃取分离技术[10] 及辅助萃取方法也能够实现特定生物样品中的 DNA 的萃取分离。Eggen 等[11] 采用微波辅助萃取，结果表明 DNA 的萃取分离速度显著地加快。Ki 等[12] 建立了一种自动化萃取分离固体样品中 DNA 的方法，而且无需对样品中的蛋白质进行处理，即可实现对 DNA 的萃取。以上萃取分离方法，能够实现特定生物样品中的 DNA 的分离与纯化，为 DNA 后续研究奠定基础。

对于经典的液相萃取分离 DNA 方法，主要是采用乙醇、酚类和氯仿等有机溶剂作为提取剂，这不仅带来一定的环境污染及对操作人员的危害，而且会污染分离得到的 DNA 样品，甚至导致 DNA 变性。因此，开发绿色、无污染的 DNA 新萃取方法是非常必要的。离子液体作为绿色溶剂，其不挥发、不易燃烧的特性使之成为传统有机溶剂的良好替代品，已经广泛地应用于金属离子、有机物、氨基酸、蛋白质等的萃取分离中，本章基于液相萃取存在的问题，以离子液体 1-丁基-3-甲基咪唑六氟磷酸盐（BmimPF$_6$）作为萃取溶剂，在室温下对 DNA 的萃取分离进行了系统研究，建立了离子液体萃取分离 DNA 的有效方法，同时对 DNA 与离子液体的作用机理进行了初步研究。

2.2　实验部分

2.2.1　仪器

F-4500 荧光分光光度计（日立公司，日本）

LS-55 荧光分光光度计（PE 公司，美国）

T6 新世纪紫外—可见分光光度计（北京普析通用仪器有限责任公司）

Bruker Avance 600MHz 核磁共振仪（Bruker，瑞士）

Spect rum One 红外光谱仪（Perkin Elmer 公司，美国）

90005-02 纯水系统（LABCONCO，美国）

WX-80A 旋涡混合器（上海医科大学仪器厂）

W-02 电动搅拌器（沈阳工业大学）

恒温水浴锅（山东鄄城华鲁电热仪器有限公司）

2.2.2　试剂

小牛胸腺 DNA（D4522），鲑鱼 DNA 钠盐（D1626）（Sigma，美国）

λ-DNA/*Hind*III（洛阳市华美生物工程公司）

1-甲基咪唑（临海市凯乐化工厂）

氯代正丁烷（北京化学试剂公司）

六氟磷酸（江苏昆山嘉隆生物科技有限公司）

乙酸乙酯（天津市天河化学试剂厂）

溴化乙锭（EB，Life Technologies，美国）

三羟甲基氨基甲烷（tris-hydroxymethyl aminomethane，Tris）、十二烷基磺酸钠（SDS）、乙二胺四乙酸钠（EDTA）、磷酸氢二钾、柠檬酸、氢氧化钠、盐酸均购于国药集团沈阳分公司（沈阳）。所有试剂除特别声明外皆为分析纯，实验用水均为二次去离子水（18MΩ）。

1.0mg/mL DNA 储备液：精确称取 10mg DNA，用二次去离子水溶解后定容至10mL，于-20℃储存，使用时稀释为 100ng/μL 工作液。

1.0mg/mL EB 储备液：精确称取 10mg EB，以二次去离子水溶解后定容至10mL，于 0~4℃储存，使用时稀释为 100ng/μL 工作液。

2.2.3　离子液体 1-丁基-3-甲基咪唑六氟磷酸盐（BmimPF$_6$）的合成

参照文献[13] 报道的方法并对其进行了一定的改进以合成疏水性离子液体 1-丁

基–3–甲基咪唑六氟磷酸盐（BmimPF$_6$），具体合成过程如图 2–1 所示。

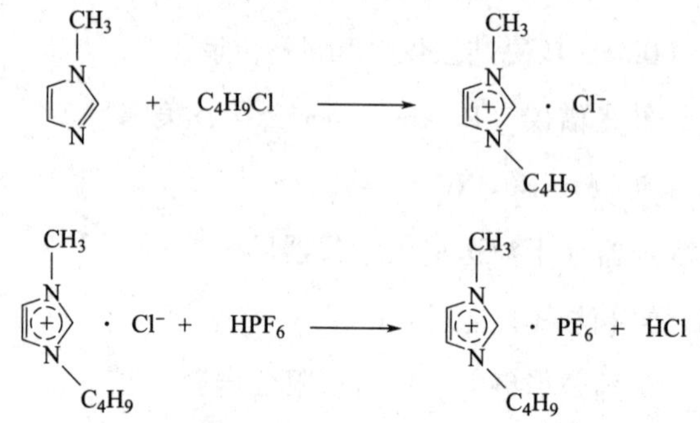

图 2–1　由甲基咪唑和氯代丁烷合成离子液体 1–丁基–3–
甲基咪唑六氟磷酸盐（BmimPF$_6$）

将 28mL（24.85g，0.27mol）氯代正丁烷和 20mL（0.25mol，20.72g）1–甲基咪唑，加入 250mL 三口圆底烧瓶中，水浴加热到 75℃，搅拌回流 72h。反应过程中可观察到白色浑浊现象，继续反应直到溶液变为浅黄色透明液体，用 20mL 乙酸乙酯洗涤 3 次，在真空干燥箱中 80℃ 干燥 24h，可得到 1–丁基–3–甲基咪唑氯代盐（BmimCl）约 24mL，收率为 80%。

将 20mL（22g，0.125mol）的 BmimCl 和 40mL 水加到 250mL 三口圆底烧瓶中，不断搅拌中滴加 30mL（0.2mol）的六氟磷酸，控制反应的温度不超过 50℃，搅拌 1h 后，取出下层溶液用二次去离子水洗涤，直到洗涤水的 pH 为 6.5 左右，将产物放至干燥箱中 80℃ 干燥 24h，得到约 20mL 1–丁基–3–甲基咪唑六氟磷酸盐（Bmi-mPF$_6$），收率为 77%。合成的离子液体 BmimPF$_6$ 的核磁共振 ^{1}H 谱为：^{1}H–NMR（in CD$_3$COCD$_3$）δCH$_3$（1）：3H，singlet（s），4.004ppm，δH（2）：1H，s，8.941ppm，δCH$_2$（3）：2H，triplet（t），4.311ppm，δH（4）：1H，s，7.703ppm，δH（5）：1H，s，7.652ppm，δCH$_2$（6）：2H，quintet，1.884ppm，δCH$_2$（7）：2H，sextet，1.357ppm，δCH$_3$（8）：3H，t，0.928ppm。相关数据与文献[13] 报道的基本吻合。

2.2.4　实验操作步骤

在室温下，将 700μL 一定浓度（0~100.0ng/μL）的 DNA 水溶液加入 1.5mL

离心管中，再加入一定体积（10~700μL）的离子液体与之混合，震荡 10min 使 DNA 水溶液与离子液体充分混合，静置 5min 分层后，取出上层水溶液 0.5mL，以 EB 为荧光探针对其定量分析[14]。DNA 对 EB 荧光有明显的增强作用，且在一定范围内成线性关系，据此计算萃取后水相中的 DNA 浓度。荧光分光光度计波长范围为 400~700nm，激发波长为 510nm，发射波长为 600nm。DNA 水溶液的初始浓度为 C_{aq}^0，萃取后的剩余浓度为 C_{aq}^a，按照下式计算萃取后离子液体中的 DNA 浓度 C_{org}^a：

$$C_{org}^a = \frac{V_{aq}(C_{aq}^0 - C_{aq}^q)}{V_{org}} \qquad (2-1)$$

DNA 的萃取率（E）和分配比（D）分别按照式（2-2）和式（2-3）计算：

$$E = \frac{V_{org} C_{org}^a}{V_{aq} C_{aq}^0} \times 100\% \qquad (2-2)$$

$$D = \frac{C_{org}^a}{C_{aq}^a} \qquad (2-3)$$

2.3 结果与讨论

2.3.1 DNA 萃取率及分配系数

按照 2.2.4 节的实验方法，用离子液体 BmimPF₆ 对三种 DNA（小牛胸腺 DNA、λ-DNA/*Hind*III 及 DNA 钠盐）进行了萃取研究，结果表明，三种 DNA 都能被萃取到离子液体中，萃取效率没有明显不同，因此考虑成本方面的原因，在萃取过程中使用的 DNA 为小牛胸腺 DNA，在光谱分析过程中，由于 DNA 的用量较大而采用 DNA 钠盐。

图 2-2（a）所示为不同 DNA 浓度及不同离子液体体积条件下的萃取率。从实验结果可以看出，随着离子液体萃取体积的增大，萃取率显著增大。当离子液体体积大于 100μL，DNA 浓度小于 10ng/μL 时，离子液体可以实现对 DNA 的定量萃取。对不同浓度 DNA 的萃取率研究表明，当离子液体体积一定时，随 DNA 浓度增大萃取率明显降低。当 DNA 浓度大于 50ng/μL 后，水溶液中剩余的 DNA 量明显增多，

萃取率显著降低，其可能原因是由于离子液体对 DNA 的萃取容量是有限的，增大 DNA 浓度导致水溶液中的 DNA 量增多，因此会有部分 DNA 不能被萃取进入离子液体中，萃取后残留在水溶液中的 DNA 相应增多，最终导致 DNA 的萃取率随着浓度的增大而降低。

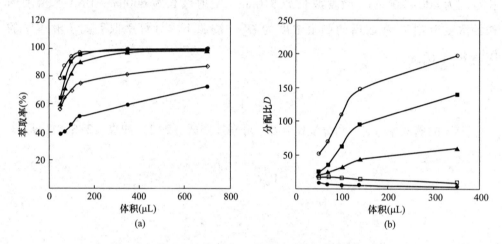

图 2-2　离子液体体积与 DNA 萃取率和分配系数的关系

50~700μL 离子液体 BmimPF₆ 萃取 700μL 浓度为 2.0~100.0ng/μL 的 DNA 水溶液，

采用与 DNA 浓度相同的 EB 进行定量：

○2ng/μL，■5ng/μL，▲10ng/μL，◇50ng/μL，●100ng/μL。

　　图 2-2（b）所示为不同 DNA 浓度及不同离子液体体积条件下 DNA 的分配系数。从图中可以看出，当离子液体体积大于 200μL，DNA 浓度小于 10ng/μL 时，DNA 在离子液体中的分配系数可达 50 以上，但是随着 DNA 的浓度增大，分配系数明显降低。其主要原因是由于在 DNA 浓度较低时，水溶液中少量的 DNA 几乎可以被离子液体完全萃取，萃取后的水溶液中 DNA 浓度极低，从而导致分配系数较大；而当 DNA 浓度增大后，其萃取率显著降低，水溶液中剩余的 DNA 的量较多，因此导致分配系数降低。从图中还可以看出，DNA 的分配系数随着离子液体体积的改变也发生变化，当 DNA 浓度小于 10ng/μL 时，随着离子液体体积的增大，分配系数逐渐增大，其可能原因是在 DNA 浓度较低时，随着离子液体体积的增大，尽管萃取到离子液体中的 DNA 的总量很少，但 DNA 的萃取率极高，萃取后水溶液中 DNA 几乎完全进入离子液体相中，因此分配系数大。而当 DNA 浓度大于 50ng/μL 时，随着离子液体体积的增大分配系数明

显降低。主要原因是当 DNA 浓度较大时，DNA 的萃取率小于 90%，水溶液中剩余的 DNA 浓度仍较显著，增大离子液体体积时，离子液体中的 DNA 浓度没有显著增大，因此导致分配系数较低。液相萃取的基本理论表明，在两相体积比确定且无其他化学反应的条件下，分配系数为一常数，不随浓度的变化而改变。然而，在实验中测得的分配系数随 DNA 浓度而改变，表明在萃取过程中，并不仅仅是 DNA 在两相中的简单分配，还可能存在其他化学作用，导致其分配系数并不严格按照体积比而固定不变。

2.3.2　萃取时间对萃取率的影响

实验考察了萃取时间对 DNA 萃取率的影响，结果如图 2-3 所示。随着萃取时间的增加，DNA 萃取率明显增大，当萃取时间大于 10min 时，萃取率达到最大，再增加萃取时间，萃取率几乎不再变化，这表明萃取达到平衡，因此本实验中选择萃取时间为 10min。

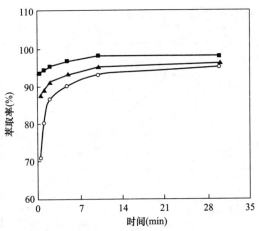

图 2-3　萃取时间对 DNA 萃取率的影响

DNA 体积为 700μL，离子液体体积为 100μL，

DNA 浓度：■ 2ng/μL，▲ 5ng/μL，○ 10ng/μL。

2.3.3　温度对萃取平衡的影响

由于萃取平衡常数在一定范围内随温度而改变，因此，改变萃取温度可以使萃取平衡发生移动，从而引起分配系数改变。因分配系数 D 近似地正比于萃取平衡常

数 K，故根据化学热力学定律成立：

$$\lg D = \frac{-\Delta H}{RT} + C \qquad (2-4)$$

式中：ΔH——焓变；

C——常数。

以 $\lg D$ 对绝对温度的倒数 $1/T$ 作图，可得到一条直线，根据其斜率可以计算出萃取过程的焓变，从而确定反应过程中温度对萃取平衡的影响。

实验中测定了 DNA 浓度为 $5.0\text{ng}/\mu\text{L}$ 时，在 $10\sim50℃$ 范围内 DNA 的分配系数。以 $\lg D$ 对绝对温度的倒数 $1/T$ 作图，如图 2-4 所示。得到线性方程 $\lg D = -4125.4/T + 16.145$，$R^2 = 0.9728$。从获得的结果可以看出，DNA 的分配系数随萃取温度升高而增大，这表明增高萃取温度有利于 DNA 的萃取。根据式（2-4）计算出萃取过程的焓变为 $\Delta H = 34.30\text{kJ}/\text{moL}$。$\Delta H$ 为正值，表明 DNA 的萃取是一吸热过程，升高温度有利于其萃取，但由于 DNA 在高温时稳定性降低，而且室温下所得到的萃取率已经较高，因此萃取在室温下进行即可。

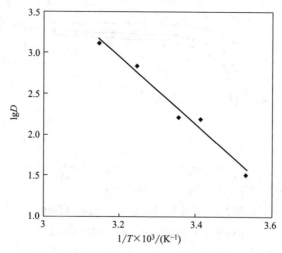

图 2-4　不同温度条件下 DNA 在水相和离子液体中的分配系数

DNA 的浓度和体积分别为：$5.0\text{ng}/\mu\text{L}$，$700\mu\text{L}$；萃取时间 10min；离子液体体积 $50\mu\text{L}$。

2.3.4　pH 对萃取率的影响

在萃取过程中溶液的环境对萃取有很大影响，其中溶液的酸碱性是一个主要

因素。DNA 在酸性或碱性太强的溶液环境中不能稳定存在，因此本实验中考察了
pH 为 4~8 时 DNA 的萃取率，如图 2-5 所示。随着 DNA 溶液 pH 的增大，DNA
的萃取率显著增大。在酸性环境中 DNA 的萃取率较低，而在中性或弱碱性环境
中 DNA 几乎能够完全被萃取。其原因可能是 DNA 是以聚阴离子形式存在的，萃
取过程中离子液体的阳离子与 DNA 的磷酸基团发生作用（这部分内容将在第
2.3.6 节机理部分进行详细讨论）。当溶液为酸性时，DNA 分子中的磷酸基团电
离不完全，从而影响磷酸基团中的氧原子与离子液体阳离子的相互作用，导致萃
取效率低。而在碱性环境中，完全电离的磷酸基团易与离子液体的阳离子相互作
用，因此萃取效率较高。考虑到离子液体 BmimPF₆ 在碱性环境中不稳定而容易分
解，本实验中选择的萃取 pH 为 7。

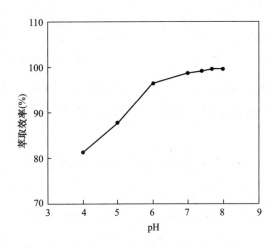

图 2-5　pH 对离子液体萃取 DNA 的影响

DNA 的浓度和体积分别为：5.0ng/μL，700μL；萃取时间 10min；离子液体体积 100μL。

2.3.5　反萃取

以上萃取研究表明，DNA 能够被直接萃取进入离子液体中，然而由于离子液体
是一种有机盐类物质，DNA 的定量检测、PCR 扩增等都难以在离子液体中进行，因
此，有必要将转移到离子液体中的 DNA 反萃取到水溶液中。本实验研究了盐类、表
面活性剂、溶液 pH 等条件下 DNA 的反萃取。结果表明，大多数的盐类、表面活性剂

等反萃取剂都不能将离子液体中的 DNA 反萃取出来，只有磷酸氢二钾-柠檬酸的缓冲溶液可将离子液体中的部分 DNA 反萃取到水溶液中。实验操作如下：用 1.0mL 离子液体萃取 700μL 水溶液中的 DNA（浓度为 20ng/μL）后，分出离子液体相，向其中加入 pH 为 4.0 的磷酸氢二钾—柠檬酸缓冲溶液 1.0mL，混合震荡反萃取 30min 后，取上层水相测定 DNA 的浓度。实验结果表明，上述反萃取操作所得的反萃取率约为 30%。

2.3.6 萃取机理的研究

通过以上实验可以看出，在无任何其他辅助萃取剂的条件下，离子液体 BmimPF$_6$ 可以实现对 DNA 的萃取。离子液体 BmimPF$_6$ 是一种疏水性离子化合物，在水中的溶解度约为 18g/L[11]，因此当 DNA 水溶液与离子液体混合时，部分离子液体溶解在水中并电离出 Bmim$^+$ 阳离子和 PF$_6^-$ 阴离子。Bmim$^+$ 阳离子与电负性的 DNA 发生静电作用或配位键合反应作用。另外，由于离子液体是疏水性的，因此当剧烈震荡时，离子液体在水中形成微珠，离子液体与水相之间接触面积增大，在两相接触界面上大量 Bmim$^+$ 阳离子可以与水相中的 DNA 发生相互作用。

在中性水溶液中，DNA 以聚阴离子形式存在，其磷酸基团中的磷原子有高能量的 d 轨道和较大的有效原子半径，使磷原子有较大的极化度和较小的电负性，而且由于磷原子直接和烷氧基（RO$^-$）相连，电子效应的影响较为强烈，从而使磷酸根上的羟基容易电离出氢离子。而氧原子由于有孤对电子而表现出较强的电负性，容易与溶液中带正电荷的 Bmim$^+$ 阳离子发生相互作用。

另外，在离子液体萃取 DNA 过程中，也可能发生离子交换反应，即水溶液中的 DNA 聚阴离子与离子液体阴离子 PF$_6^-$ 发生离子交换，从而促使 DNA 从水溶液中转移到离子液体中。

基于实验结果与理论分析，我们认为，DNA 能够从水溶液中直接被萃取到离子液体中，其可能机理是 DNA 分子中磷酸基团上带负电荷的氧原子与溶解在水中的咪唑阳离子 Bmim$^+$ 发生了键合反应作用，从而使 DNA 萃取到离子液体中去。其机理示意如图 2-6 所示。

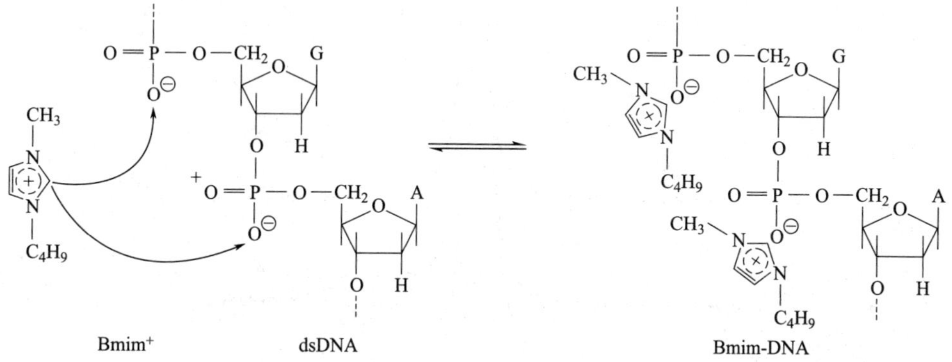

图 2-6　离子液体阳离子 Bmim⁺ 与 DNA 磷酸基团相互作用的示意图

2.3.6.1　^{31}P 核磁共振光谱测定

从上述提到的萃取机理可以看出，如果 DNA 分子中磷酸基团上带负电荷的氧原子与溶解在水中的咪唑阳离子 Bmim⁺ 发生了键合反应作用，那么当 DNA 被萃取到离子液体中后，在 DNA 分子中就会存在 P—O—Bmim 化学键，而且 P—O 键的化学环境及电子结构都会发生变化，因此，实验中采用核磁共振光谱证明 DNA 分子在萃取前、后的结构变化。由于 DNA 相对分子质量较大，而且结构复杂，从 ^{1}H 谱和 ^{13}C 谱无法确定其结构的改变，而 DNA 分子骨架中含有磷酸基团，因此，本实验中采用 ^{31}P 核磁共振光谱进行分析。

实验中以 85% 的磷酸为内标物，测定了离子液体、标准 DNA 样品和 DNA 与离子液体混合作用后混合样品的 ^{31}P 核磁共振光谱，如图 2-7 所示。由于离子液体中含有 PF₆⁻，测得其化学位移为 -130.17～-143.34ppm（未标出），而内标物磷酸的化学位移为 0.0ppm，如图 2-7 曲线 a 所示。标准 DNA 样品的化学位移为 -0.72ppm，如图 2-7 曲线 b 所示。与磷酸的化学位移相比，DNA 分子中磷的化学位移明显向高场移动，这表明在 DNA 分子中磷原子的电子云密度小于磷酸分子中磷原子[15-16]。这主要是由于在磷酸分子中，三个氧原子都是与氢原子结合的，而在 DNA 分子中，一个氧原子与氢连接，而另外两个氧原子与吸电子能力更强的烷基相连，与磷酸相比 DNA 分子中磷原子的电子云密度降低，因此导致其核磁共振化学位移向高场移动，这个测定结果与它们的分子结构是明显一致的。

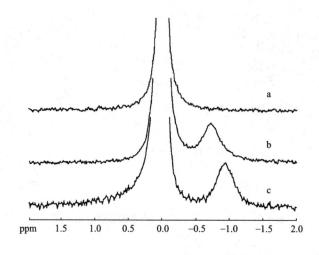

图 2-7　^{31}P-NMR 光谱（in DMSO）

a—BmimPF$_6$　b—Na-DNA　c—DNA-BmimPF$_6$

数据采集频率为 242.96MHz，数据采集点数为 32，扫描范围为-100~100ppm，85%的磷酸作为内标。

　　当 DNA 被萃取到离子液体中后，测定得到核磁共振谱如图 2-7 曲线 c 所示。可以看到萃取了 DNA 后的离子液体的化学位移为-0.94ppm，与 DNA 的化学位移-0.72ppm 相比，明显向高场移动，这表明在萃取后的离子液体中，DNA 分子中磷原子电子云密度与标准 DNA 样品相比有所降低，而这个降低主要是由于 DNA 的磷酸基团中的氧原子与吸电子基团 Bmim$^+$发生了作用。在离子液体相中，当离子液体的阳离子 Bmim$^+$与 DNA 的磷酸基团氧原子发生键合反应后，DNA 分子中的三个氧原子分别与吸电子能力强的烷基和 Bmim$^+$结合，导致磷原子电子云密度降低。对比磷酸、标准 DNA 样品及 DNA 与离子液体的混合样品的^{31}P 核磁共振谱，可以看出其结果与所推测的萃取机理是一致的，这个结果证明在萃取过程中，DNA 的磷酸基团与离子液体的 Bmim$^+$发生键合反应，确实存在 P—O—Bmim 化学键。

2.3.6.2　红外光谱测定

　　图 2-8 所示为 400~4000cm^{-1} 范围内 DNA、BmimPF$_6$ 及 DNA-Bmim 加合物的红外光谱。图 2-8 曲线 a 为 DNA 的红外光谱图，从图中可以看出 DNA 分子在 3434cm^{-1}、2920cm^{-1}、1680cm^{-1}、1238cm^{-1}、1090cm^{-1} 有明显的吸收峰；3434cm^{-1}

处的吸收峰为 N—H、O—H 键的特征峰，2920cm⁻¹ 为 CH_2 的 C—H 键的特征峰，1680cm⁻¹ 为 C═O 键的特征峰，1238cm⁻¹、1090cm⁻¹ 为—P—O、—P═O 键的特征峰[17-18]。图 2-8 曲线 b 为离子液体 BmimPF₆ 的红外光谱图，分别在 3040cm⁻¹、2940cm⁻¹、1668cm⁻¹、1338cm⁻¹、1190cm⁻¹、877cm⁻¹ 有 明 显 的 吸 收 峰。其 中 3040cm⁻¹、2940cm⁻¹ 为 CH_2、CH_3 中 C—H 键的特征峰。图 2-8 曲线 c 为 DNA-Bmim 加合物的红外光谱图，分别在 3434cm⁻¹、3040cm⁻¹、2940cm⁻¹、2920cm⁻¹、1680cm⁻¹、1668cm⁻¹、1190cm⁻¹、877cm⁻¹ 有明显的吸收峰。对比图 2-8 曲线 a 与图 2-8 曲线 c 可以看出，其 3434cm⁻¹、2920cm⁻¹ 处 DNA 的 N—H、O—H 键的特征峰在 DNA-Bmim 加合物中明显存在，这表明 DNA 分子确实存在于加合物中，然而，DNA 的—P—O、—P═O 键在 1238cm⁻¹、1090cm⁻¹ 的特征峰却明显消失，不存在于 DNA-Bmim 加合物的红外光谱中。

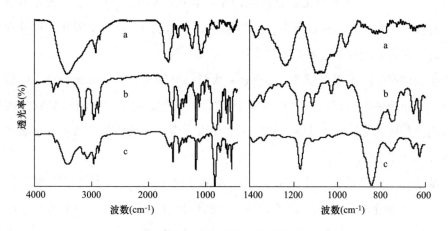

图 2-8　FI-IR 光谱（KBr 压片）

a—500ng/μL 鲑鱼 DNA 钠盐　b—BminPF₆　c—离子液体中 DNA-BminPF₆ 加合物

有文献报道，当 DNA 分子的磷酸基团与 Co^{2+}、Cu^{2+}、Mn^{2+}、Ca^{2+}、Mg^{2+} 等金属离子相互作用时，P═O 双键的极性会显著增加，从而导致 P═O 双键的伸缩振动和弹性振动特征吸收峰的位置移动和强度改变[18-21]。Cu^{2+} 能够显著的增强 P═O 双键的伸缩振动、弹性振动的吸收强度，而 Ca^{2+}、Mg^{2+} 却能显著的降低 P═O 双键的吸收强度，这种改变被认为可能是 DNA 的构型在 A 型和 B 型之间发生改变[19]。对于 A 型 DNA 分子，其红外光谱在 1238cm⁻¹、1090cm⁻¹ 有明显的特征峰，而对于 B 型

DNA 分子，其红外光谱在 1238cm^{-1}、1090cm^{-1} 没有特征吸收峰[18]，因此，结合实验中测得的红外光谱图，认为在 DNA-Bmim 加合物中 DNA 的构型与标准 DNA 样品相比，发生了明显的变化，这是由于离子液体的阳离子 Bmim$^+$ 与 DNA 的 P—O 键发生键合反应，从而引起 DNA 的构型发生改变，导致其红外光谱中 1238cm^{-1}、1090cm^{-1} 特征吸收峰的消失。

2.4 全血样品中 DNA 的萃取分离

根据前述实验结果，采用离子液体对实际样品中的 DNA 的萃取分离进行了研究，本实验中采用人全血样品。由于蛋白质在血液样品中的含量较大，因此，本文考察了离子液体对血液中主要蛋白质的萃取情况。研究发现，离子液体 BmimPF$_6$ 不能直接萃取白蛋白、血红蛋白、细胞色素 C 等蛋白质[22-24]。因此，在处理血液样品时，蛋白质的存在并不影响或干扰 DNA 的萃取。

血液样品中除了蛋白质外，还存在着大量的金属离子及金属配合物，而通常情况下，离子液体不能直接萃取金属离子[25-27]，只有通过调节溶液的酸碱性或加入萃取剂或螯合剂等，才能实现金属离子的萃取，因此血液样品中的主要金属离子对 DNA 的萃取也没有干扰。

基于以上实验结果，本实验对全血样品中的 DNA 进行了直接萃取研究。在萃取前，对全血样品进行了初步处理，其操作过程如下：取 1.0mL 抗凝血放到离心管中，10000r/min 条件下离心 10min，弃除上层血清，再加入 500μL 细胞裂解剂（0.01mol/L Tris-HCl，0.1mol/L EDTA，0.5% SDS，pH 为 8.0）和 10μL Proteinase K（20μg/μL）溶液；将此混合物先放至 37℃ 水浴中孵化 2h，再放入 50℃ 的水浴中 3h。取 5.0μL 处理后的血液样品稀释到 200μL，加入 400μL 离子液体按实验操作过程进行萃取。实验结果表明，血样中的 DNA 几乎完全被萃取到离子液体中。将萃取到离子液体中的 DNA 再进行反萃取，约有 15% 的 DNA 被反萃取到水溶液中。

2.5　结论

本章内容采用离子液体代替传统有机溶剂，对生物大分子 DNA 的萃取分离进行了研究并对萃取机理进行了初步探讨。

（1）萃取条件及结果。在 pH 为 7 时，DNA 水溶液浓度小于 10ng/μL，体积为 700μL，离子液体体积大于 200μL 的条件下，离子液体对 DNA 萃取 10min，DNA 的萃取率可达 95% 以上。

（2）反萃取条件及结果。DNA 浓度 20ng/μL，体积为 700μL，离子液体体积为 1.0mL 的条件下完成萃取后，以 1.0mL pH=4 的磷酸氢二钾—柠檬酸缓冲溶液进行反萃取，萃取时间为 30min 时，反萃取率约为 30%。

（3）萃取机理。萃取过程中 DNA 分子中的磷酸基团的氧原子与离子液体的阳离子 Bmim$^+$ 发生键合反应，而生成的 DNA-Bmim 加合物被萃取到离子液体中。

（4）实际全血样品中 DNA 萃取结果。血液样品中的 DNA 能够被萃取到离子液体中，而血样中的蛋白质及其他基体组分无明显干扰。

（5）本方法的优点。离子液体具有不挥发、不易燃、无毒等优点，是一种绿色的萃取分离溶剂，有利于降低环境污染；在萃取过程中，不需要添加任何辅助萃取溶剂，DNA 即可被离子液体萃取。

（6）本方法的不足之处。本方法的反萃取率尚较低，一定程度上限制了其实际应用。寻找合适的反萃取剂以提高反萃取率还有待深入研究。

参考文献

［1］JUNIPER S K，CAMBON M A，LESONGEUR F，et al. Extraction and purification of DNA from organic rich subsurface sediment（ODP Leg 169S）［J］. Marine Geology，2001，174，241-247.

［2］闫宏伟，胡靖，袁洪，等.四种微量全血 DNA 提取方法的比较［J］. 中国医学

工程，2004，12（5）：43-45.

［3］ HAUNSHI S，PATTANAYAK A，BANDYOPADHAYA S，et al. A simple and quick DNA extraction procedure for rapid diagnosis of sex of chicken and chicken embryos［J］. Journal of Poultry Science，2008，45（1）：75-81.

［4］ LI X L，JIN H L，WU Z F，et al. A continuous process to extract plasmid DNA based on alkaline lysis［J］. Nature Protocols，2008，3（2）：176-180.

［5］ OHMORI K，TSUCHIYA H，WATANABE T，et al. Method for DNA extraction and purification from corn-processed food using an ion-exchange resin type kit［J］. Journal of the Food Hygienic Society of Japan，2008，49（1）：45-50.

［6］ FAGGI E，PINI G，CAMPISI E. Use of magnetic beads to extract fungal DNA［J］. Mycoses，2005，48（1）：3-7.

［7］ CHEN X W，XU Z R，QU B Y，et al. DNA purification on a lab-on-valve system incorporating a renewable micro-column with in-situ monitoring by laser induced fluorescence［J］. Anal. Bioanal. Chem.，2007，388（1）：157-163.

［8］ 黄翠云，郑淑真，何宁，等. 反胶团法萃取质粒 DNA［J］. 厦门大学学报：自然科学版，2007，46（1）：82-86.

［9］ STREITNER N，VOSS C，FLASCHEL E. Reverse micellar extraction systems for the purification of pharmaceutical grade plasmid DNA［J］. Journal of Biotechnology，2007，131（2）：188-196.

［10］ YI S，SE K S，CHO Y H. A DNA trapping and extraction microchip using periodically crossed electrophoresis in a micropillar array［J］，Sensors and Actuators A：Physical，2005，120，429-436.

［11］ MENDEZ-ALVAREZ S，EGGEN R I L. A rapid microwave method to extract plasmid DNA from Saccharomyces cerevisiae suitable for the transformation of Escherichia coli［J］. Biotechnology Techniques，1998，12（8）：605-606.

［12］ KI J S，CHANG K B，ROH H J，et al. Direct DNA isolation from solid biological sources without pretreatments with proteinase-K and/or homogenization through automated DNA extraction［J］. Journal of Bioscience and Bioengineering，2007，103（3）：242-246.

[13] LE PECQ J B, PAOLETTI C. A new fluorometric method for RNA and DNA determination [J]. Anal Biochem, 1966, 17, 100-107.

[14] CARDA-BROCH S, BERTHOD A, ARMSTRONG D W. Solvent properties of the 1 - butyl - 3 - methylimidazolium hexafluorophosphate ionic liquid [J]. Anal. Bioanal. Chem. , 2003, 375: 191-199.

[15] GORENSTEIN D G, LAIS K. ^{31}P NMR spectra of ethidium, quinacrine, and daunomycin complexes with poly (adenylic acid) -poly (uridylic acid) RNA duplex and calf thymus DNA [J]. Biochemistry, 1989, 28 (7): 2804-2812.

[16] OVERMARS F J J, PIKKEMAAT J A, HANS V D E, et al. NMR studies of DNA three-way junctions containing two unpaired thymidine bases: The influence of the sequence at the junction on the stability of the stacking conformers [J]. J. Mol. Biol. , 1996, 255, 702-713.

[17] KORNILOVA S V, KAPINOS L E, BLAGOI Y. Study of the interaction of DNA with calcium-ions using vibrational-spectra [J]. Mol. Biol. , 1995, 29, 332-339.

[18] HARMAN K A, LORD R C, THOMAS G J. Physico-chemical properties of nucleic acids. Academic Press, London, 1973, 2.

[19] ANDRUSHCHENKO V V, KORNILOVA S V, KAPINOS L E, et al. Vibrational spectroscopic studies of the divalent metal ion effect on DNA structural transitions [J]. J. Mol. Struct. , 1997, 408, 219-223.

[20] LEE S A, GRIMM H, POHLE W, et al. NaDNA-bipyridyl- (ethylenediamine) platinum (II) complex: Structure in oriented wet-spun films and fibers [J]. Phys. Rev. E, 2000, 62 (5): 7044-7058.

[21] HACKL E V, KORNILOVA S V, KAPINOS L E, et al. Vibrational spectroscopic studies of the divalent metal ion effect on DNA structural transitions [J]. J. Mol. Struct. , 1997, 408, 229-232.

[22] BRUNI P, CINGOLANI F, LACUSSI M, et al. The effect of bivalent metal ions on complexes DNA-liposome: a FT-IR study [J]. J. Mol. Struct. , 2001, 565, 237-245.

[23] KLIBANOV A M. Improving enzymes by using them in organic solvents [J]. Nature, 2001, 409 (6817), 241-246.

[24] SCHMID A, DORDICK J S, HAUER B, et al. Industrial biocatalysis today and tomorrow [J]. Nature, 2001, 409 (6817), 258-268.

[25] CHUN S K, DZYUBA S V, BARTSCH R A. Influence of structural variation in room-temperature ionic liquids on the selectivity and efficiency of competitive alkali metal salt extraction by a crown ether [J]. Anal. Chem. , 2001, 73 (15): 3737-3741.

[26] VISSER A E, SWATLOSKI R P, GRIFFIN S T, et al. Liquid/liquid extraction of metal ions in room temperature ionic liquids [J]. Separation Science and Technology, 2001, 36 (5&6): 785-804.

[27] HUANG H L , WANG H P, WEI G T, et al. Extraction of nanosize copper pollutants with an ionic liquid [J]. Environ. Sci. Technol. , 2006, 40 (15): 4761-4764.

第3章 离子液体中 DNA 的测定方法研究

3.1 引言

常用的 DNA 定量分析方法主要包括分光光度法、荧光法、共振光散射法、化学发光法和电化学方法等。在光度分析法中，可根据测得 DNA 样品中磷的含量计算出样品中 DNA 的含量，该方法准确度较高，操作简单，常应用于临床分析。另外，DNA 分子中含有嘌呤碱基和嘧啶碱基，在嘌呤碱分子和嘧啶碱分子中含有共轭双键，在 pH 为 7 时，DNA 在 260nm 处有最大吸收，可用于 DNA 含量的测定，但由于该法灵敏度低，而且在 260nm 处产生紫外吸收的物质很多，干扰严重。DNA 中的戊糖在酸性条件下可以与二苯胺试剂反应，根据测得的戊糖含量可以推算出样品中 DNA 的含量。DNA 水解产生的戊糖也可以与硫代巴比妥反应，可以通过测定水解产生的戊糖来定量 DNA[1]。总之，紫外—可见分光光度法测定 DNA 的灵敏度较低，不适于痕量 DNA 的定量分析。

与分光光度法相比，荧光光度法具有较高的灵敏度和较好的选择性。但室温下 DNA 只有较弱的内源荧光，荧光量子产率很低，所以很难利用 DNA 的内源荧光直接对 DNA 进行定量测定。在 DNA 的荧光定量分析中，一般采用外源荧光探针法[2,3]。溴化乙锭（Ethidium Bromide，EB）是一种常用的测定 DNA 含量的荧光染料，当 EB 与 DNA 分子结合时，嵌入 DNA 的双螺旋结构内部，并与 DNA 分子产生瞬间偶极而产生诱导力或氢键，EB 的嵌入能够使反应体系发生有效的能量转移，从而使荧光强度大幅度增强[4]。Hoechst 33258 是一种多环芳香族小分子物质，作为一种荧光染料，当它与 DNA 结合后自身的荧光量子产率可提高近 400 倍[5,6]。在一定条件下，DNA 也能使铝试剂的荧光光谱发生紫移，且荧光强度与 DNA 的量呈线性关系，可用于 DNA 的测定[7]。联吡啶—Cu（Ⅱ）络合物作为荧光探针也可测定 DNA，天然和变性 DNA 均能使联吡啶—Cu（Ⅱ）络合物［Cu（py）$_2^{2+}$］体系的荧光强度大幅度增强[8]。采用荧光法测定 DNA 灵敏度高、检出限低，操作简单。但多数荧光染料价格较为昂贵，使分析成本过高。

共振光散射技术是目前被广泛采用的一种定量分析技术，其原理是当一束光通过介质时，在入射光以外的方向上会观测到光强，当介质中的粒子直径远小于入射光波长（如 $d \leqslant 20\lambda$）时，便产生以 Rayleigh（瑞利）散射为主的分子散射，当 Rayleigh 散射的波长位于或接近于分子吸收带时，其散射程度将不再遵守 Rayleigh 散射定律并且某些波长的散射程度急剧增强，从而产生共振光散射（Resonance Light Scattering，RLS）现象[9]。目前 RLS 技术已经被广泛应用于痕量金属[10-12]、表面活性剂[13]、生物大分子[14-15] 的分析测定。在生物分子测定方面，共振光散射技术可以实现氨基酸[16]、蛋白质[17]、DNA[18-20] 等生物分子的分析测定。在核酸定量分析中，常用一些染料分子作为 RLS 探针，染料通过相互作用在核酸表面进行堆积，致使溶液中的染料分子在局部达到富集效果，导致生物分子表面上染料浓度远大于溶液中游离的染料浓度。聚集体的生成，使散射球体体积增大，所以尽管吸收谱图无变化，但却可以观测到强烈增强的 RLS 信号[9]。1993 年 Pasternack 等[21] 首次在普通荧光分光光度计上，采用共振光散射技术对卟啉类化合物在核酸上的聚集进行了研究，并实现了 DNA 定量分析。陈展光等[22] 发现 DNA 与椰油酰胺丙基-2-羟基-3-磺基丙基甜菜碱（HSB）在 392nm 处有稳定的共振光散射，其强度与 DNA 浓度呈线性关系，在 0.02～4.25mg/L 浓度范围内可对 DNA 进行准确定量分析。冯宁川等[23] 发现当阳离子表面活性剂溴代十六烷基三甲基铵（CTMAB）存在时，对次甲基绿与 DNA 体系的共振光有显著的增敏效应。通过实验优化确定了次甲基绿—DNA—CTMAB 体系的反应条件及共存物质的影响，建立了测定 DNA 的共振光散射法。采用共振光散射法测定 DNA 具有较好的选择性，但上述测定均是在水溶液中进行的，目前尚未见在离子液体中对 DNA 直接定量的报道。

在第二章中使用离子液体直接萃取 DNA 时，DNA 的定量数据均是根据萃取前后水相中 DNA 的浓度变化得到的。但是，当水相中剩余的 DNA 浓度很小时，定量分析的误差便很显著。另外，仅对水相中的 DNA 定量无法确定消失的 DNA 是被萃取到了离子液体中还是聚集在两相界面。很显然，解决此类问题的有效方法是直接测定离子液体相中的 DNA 浓度。对于紫外吸收法，由于 DNA 的最大吸收波长为

260nm，而离子液体在波长 200~340nm 范围有强烈吸收，因此产生明显的干扰而无法测定；对于荧光法，离子液体的存在能明显地猝灭 DNA 与 EB 的荧光，因此采用荧光法也无法定量分析离子液体中的 DNA。在荧光测定过程中发现，在离子液体中 EB 与 DNA 的共振光散射强度随着 DNA 浓度而发生有规律的变化。基于此，本章对 EB 与 DNA 在离子液体相中的作用方式和结合机理进行了系统的研究，并据此建立了一种共振光散射测定离子液体中 DNA 含量的新方法。

3.2　实验部分

3.2.1　仪器

F-4500 荧光分光光度计（日立公司，日本）

T6 新世纪型紫外—可见分光光度计（北京普析通用仪器有限责任公司）

Spect Rum One 红外光谱仪（Perkin Elmer 公司，美国）

90005-02 纯水系统（LABCONCO，美国）

WX-80A 旋涡混合器（上海医科大学仪器厂）

W-02 电动搅拌器（沈阳工业大学）

恒温水浴锅（山东鄄城华鲁电热仪器有限公司）

3.2.2　试剂

小牛胸腺 DNA（D4522）（Sigma，美国）

溴化乙锭（EB）（Life Technologies，美国）

1-甲基咪唑（临海市凯乐化工厂）

氯代正丁烷（北京化学试剂公司）

六氟磷酸（昆山嘉隆生物科技有限公司）

乙酸乙酯（天津市天河化学试剂厂）

三羟甲基氨基甲烷（Tris-hydroxymethyl aminomethane，Tris）、氢氧化钠、盐酸均购于国药集团沈阳分公司。所有试剂除特别声明外皆为分析纯，实验用水为二次去离子水（18MΩ cm）。

1.0mg/mL DNA 储备液：精确称取 10mg DNA，用二次去离子水溶解后定容至 10mL，于-20℃储存，使用时稀释为 100ng/μL 工作液。

2.0mg/mL EB 储备液：精确称取 20mg EB，用二次去离子水溶解后定容至 10mL，于 0~4℃储存，使用时稀释为 1.0~100ng/μL 工作液。

3.2.3 离子液体 1-丁基-3-甲基咪唑六氟磷酸盐（BmimPF$_6$）的合成[24]

参照文献[24] 报道的方法并对其进行了一定的改进以合成疏水性离子液体 1-丁基-3-甲基咪唑六氟磷酸盐（BmimPF$_6$），具体合成过程如下：

将 28mL（24.85g，0.27mol）氯代正丁烷和 20mL（0.25mol，20.72 g）1-甲基咪唑，加到 250mL 三口圆底烧瓶中，水浴加热到 75℃，搅拌回流 72h。反应过程中可观察到白色浑浊现象，继续反应直到溶液变为浅黄色透明液体，用 20mL 乙酸乙酯洗涤 3 次，在真空干燥箱中 80℃干燥 24h，可得到 1-丁基-3-甲基咪唑氯代盐（BmimCl）约 24mL，收率为 80%。

将 20mL（22g，0.125mol）BmimCl 和 40mL 水加到 250mL 三口圆底烧瓶中，不断搅拌中滴加 30mL（0.2mol）六氟磷酸，控制反应的温度不超过 50℃，搅拌 1h 后，取出下层溶液用二次去离子水洗涤，直到洗涤水的 pH 为 6.5 左右，将产物放至干燥箱中 80℃干燥 24h，得到约 20mL 的 1-丁基-3-甲基咪唑六氟磷酸盐（BmimPF$_6$），收率为 77%。合成的离子液体 BmimPF$_6$ 的核磁共振^{1}H 谱为：^{1}H-NMR（in CD$_3$COCD$_3$）δCH$_3$（1）：3H，singlet（s），4.004ppm，δH（2）：1H，s，8.941ppm，δCH$_2$（3）：2H，triplet（t），4.311ppm，δH（4）：1H，s，7.703ppm，δH（5）：1H，s，7.652ppm，δCH$_2$（6）：2H，quintet，1.884ppm，δCH$_2$（7）：2H，sextet，1.357ppm，δCH$_3$（8）：3H，t，0.928ppm。相关数据与文献[24] 报道的基本吻合。

3.2.4 实验操作步骤

水溶液中 DNA—EB 体系的共振光散射测定操作过程为：将 2.0mL DNA 水溶液（0~10ng/μL）和 10μL 浓度为 2.0μg/μL 的 EB 溶液加入 5mL 离心管中，再加入二次去离子水，使混合溶液中 EB 的浓度为 10ng/μL，混合放置 20s 后，使用荧光分光光度计在 $\lambda_{ex} = \lambda_{em} = 510\text{nm}$ 条件下测定其共振散射光强度，狭缝宽度设置为 5nm。

由于本实验所用的 BmimPF_6 是一种疏水性离子液体，因此，离子液体相中 EB 与 DNA 体系的共振光散射测定操作过程为：将一定浓度（0~10ng/μL）的 DNA 从水溶液中萃取到离子液体相，取 100μL 萃取后的离子液体与 10μL 浓度为 2.0μg/μL 的 EB 溶液混合，再加入乙腈溶液，使混合溶液中 EB 浓度为 10ng/μL。将混合溶液放置 20s 后，用荧光分光光度计测定其共振光散射强度，设定激发波长和发射波长为 510nm，狭缝宽度为 5nm。

3.3　结果与讨论

3.3.1　DNA—EB 体系的共振光谱

EB（溴化乙锭）作为一种常见的荧光染料，常用来作为 DNA 定量测定的荧光探针，DNA 的存在可显著增强 EB 的荧光，且荧光强度与 DNA 的量在一定范围内呈线性[25]。一方面，当 DNA 被萃取到离子液体中后，离子液体会显著地猝灭 EB 的荧光，因此，采用荧光法无法直接测定离子液体中的 DNA。从另一方面来考虑，离子液体猝灭 DNA—EB 体系的荧光，表明其对 DNA—EB 体系有影响。对荧光光谱的研究发现，DNA—EB 体系在 510nm 波长激发下的共振光散射强度随着 DNA 浓度而发生有规律的变化。图 3-1 为 DNA—EB 体系的共振光散射光谱。在水溶液中，DNA—EB 体系的共振光强度随 DNA 浓度增大而明显增大，且在一定 DNA 浓度范围内呈线性关系 [图 3-1 （a）]；在离子液体相中，即当 DNA 被萃取到离子液体中后，随着 DNA 浓度的增大，DNA—EB 体系的共振光强度并没有增加，反而下降，且在一定 DNA 浓度范围内也呈良好的线性关系 [图 3-1 （b）]。因此，基于在离子液体相中 EB 与 DNA 体系的共振光散射光谱，建立了直接定量离子液体相中 DNA 的新方法。在最佳实验条件下，测得 EB—DNA 体系的共振散射光强度（I）随 DNA 浓度（C_{DNA}）变化的线性方程为：$I = -6.123\ C_{\text{DNA}} + 18.524$，$R^2 = 0.9964$，线性范围 0.2~0.8ng/μL，检出限为 0.05ng/μL。

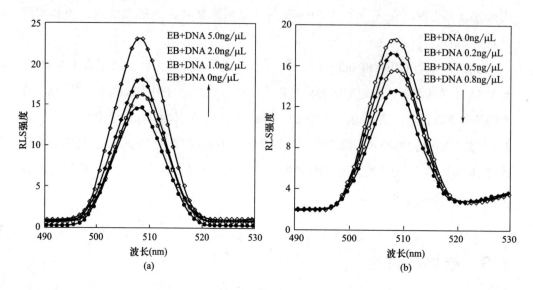

图 3-1　DNA—EB 体系的共振光散射光谱

（a）水相：DNA 浓度为 0~5.0ng/μL；EB 浓度为 10ng/μL。

（b）DNA 萃取进入 IL 相：DNA 浓度为 0~0.8ng/μL，体积为 200μL；EB 浓度为 2.0μg/μL，

体积为 10μL；IL 体积为 100μL；乙腈体积为 1000~1900μL；萃取时间为 30min。

3.3.2　DNA—EB 的结合方式

一般来说，共振光散射的产生是由于分子吸收一定波长的激发光，从基态跃迁到激发态后，激发态的分子在返回基态的过程中发射出与激发波长相同的散射光，其散射强度会显著增大。然而，本实验发现 DNA—EB 体系的共振光散射强度随 DNA 浓度增大而明显降低，这个现象与在水溶液中是完全相反的。为了解释这个现象，实验中分别对不同 DNA 浓度下 DNA—EB 体系在水相与离子液体相中的吸收光谱进行了考察，结果如图 3-2 所示。

如图 3-2（a）所示，在水溶液中随 DNA 浓度增大，EB 的最大吸收波长发生明显红移。其原因是在水溶液中当 EB 分子与双螺旋 DNA 接触时，EB 分子嵌入 DNA 双螺旋结构的碱基对孔穴中[25]，EB 与 DNA 发生键合反应有新的化学键产生，因此最大吸收波长发生改变；同时，随 DNA 浓度增大，EB 在波长 430~530nm 范围内吸光度明显降低，这主要是由于 DNA 浓度增大，与 DNA 发生键合反应的 EB

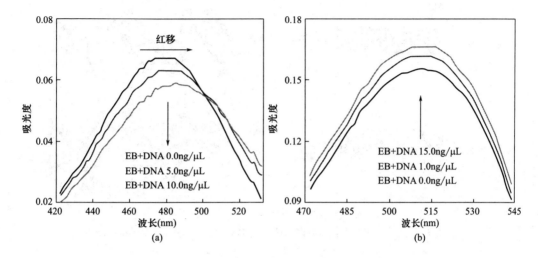

图 3-2　DNA—EB 体系的吸收光光谱

（a）水相：DNA 浓度为 0~5.0ng/μL，EB 浓度为 10ng/μL。

（b）DNA 萃取进入 IL 相：DNA 浓度为 0~15ng/μL，体积为 200μL；EB 浓度为 2.0μg/μL，

体积为 10μL；IL 体积为 100μL；乙腈体积为 1000~1900μL；萃取时间为 30min。

分子也增多，从而导致水溶液中游离的 EB 分子浓度降低。

从图 3-2（b）可以看出，在离子液体相中，随 DNA 浓度增大，EB 在 470~540nm 范围内的吸光度增大，这表明溶液中游离的 EB 浓度增大。这主要是由于在离子液体相中，离子液体的 Bmim[+] 与 DNA 首先发生结合反应[26]，Bmim[+] 插入 DNA 双螺旋结构中，从而阻止了 EB 分子与 DNA 的嵌入反应，EB 分子只能通过静电吸引作用在 DNA 表面发生聚集，从而使溶液中 EB 浓度在局部浓集，导致其吸光度增大。从图中还可以看出，随着 DNA 浓度的增大，EB 分子的最大吸收波长没有发生变化，这表明在离子液体相中 EB 分子没有嵌入 DNA 双螺旋结构中而与 DNA 发生键合反应。

通过对 DNA—EB 体系的吸收光谱的研究，认为 EB 分子与 DNA 的结合方式在水相与离子液体相中是完全不同的。在水溶液中 EB 插入 DNA 的双螺旋结构中与 DNA 发生键合反应，从而使游离的 EB 分子浓度降低；而在离子液体相中，EB 分子与 DNA 没有发生键合反应反应，仅通过静电吸引作用在 DNA 表面聚集，从而导致 EB 在局部发生浓集。其结合示意如图 3-3 所示。

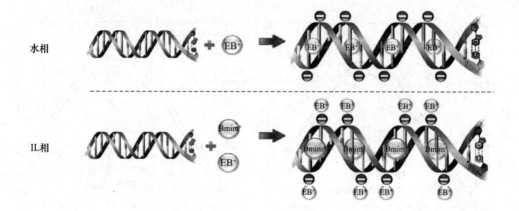

图 3-3　在水相和离子液体相（IL）中 DNA 与 EB 的结合方式示意图

3.3.3　EB 共振光散射光谱

从以上实验结果可以看出，在水溶液中 EB 分子插入 DNA 分子中，导致游离的 EB 浓度降低，而在离子液体中，EB 通过静电作用在 DNA 表面发生浓集，导致局部 EB 浓度增大，这表明 EB 浓度变化是导致 DNA—EB 体系共振光变化的主要原因，因此，本实验中考察了在没有 DNA 存在的条件下，不同浓度 EB 的共振光散射光谱，如图 3-4 所示。从图中可看出，无论是在水相还是在离子液体相，EB 的共振光散射强度均随 EB 浓度增大而明显降低。

为了解释这个现象，实验中考察了不同浓度 EB 溶液的吸收光谱，如图 3-5 所示。EB 在 440～560nm 范围内有强吸收，同时，随 EB 浓度增大其吸光度明显增大。而在前面共振光散射实验中，当用 510nm 光激发 EB 溶液时，EB 同时会散射出波长为 510nm 的共振散射光，因此 EB 分子在 440～560nm 波长范围内的光吸收及光散射严重重叠，即当用 510nm 的光激发 EB 分子时，EB 分子对散射出来的 510nm 共振散射光也产生吸收，EB 分子自身对光存在着内滤效应[27]。内滤效应是指物质同时具有吸收团和荧光团，而荧光团的激发或发射强度随着吸收团的吸光度改变而发生变化[27,28]。EB 分子在波长 440～560nm 范围内对光有强吸收，随着 EB 浓度增加，对此波长范围内的散射光的吸收也增大，从而改变其共振光散射的强度，因此，EB 共振光散射强度的降低主要是由于 EB 自身内滤效应引起的。

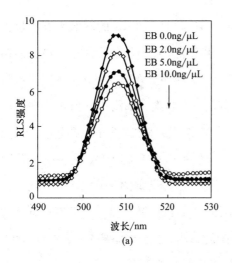
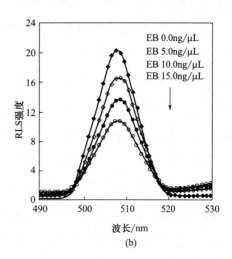

图 3-4 EB 的共振光散射光谱

（a）在水相中：EB 浓度为 0~10ng/μL。

（b）在 IL 相中：EB 最终浓度为 0~15ng/μL；BmimPF$_6$ 体积为 100μL；乙腈体积为 1000~2000μL。

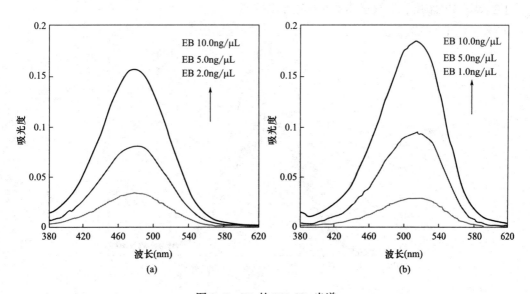

图 3-5 EB 的 UV-Vis 光谱

（a）在水相中：EB 浓度为 2.0~10ng/μL。

（b）在 IL 相中：EB 最终浓度为 1.0~10ng/μL；BmimPF$_6$ 体积为 100μL；乙腈体积为 1000~2000μL。

3.3.4 萃取 pH 对 DNA—EB 体系共振光的影响

在第二章的萃取实验中研究发现，DNA 水溶液的 pH 对 DNA 的萃取率有明显影响。当溶液的 pH 为酸性时，DNA 的萃取率低，水溶液中还会剩余较多的 DNA，而这部分剩余的 DNA 对 DNA—EB 体系的共振光散射强度有明显影响。因此，本实验考察了不同 pH 的萃取条件下 DNA—EB 体系的共振光散射强度，如图 3-6 所示。在萃取过程中，DNA 水溶液与离子液体混合震荡后，由于离子液体中溶解了一部分水，同时由于很难精确地将上层水溶液去除，因此，当水相中剩余的 DNA 较多时，会对DNA—EB 体系的共振光产生影响。从图中可以看出，随着萃取体系中 pH 的升高共振光强度明显降低。这个降低主要是由两个方面原因导致的：其一是，水溶液中剩余的DNA 与 EB 发生结合反应，EB 嵌入 DNA 的双螺旋结构，从而使游离的 EB 浓度降低，导致 EB 共振光散射强度增加；其二是，在 pH 增大时，萃取到离子液体中的 DNA 增多，这部分 DNA 与 EB 通过静电吸引作用使 EB 在局部发生浓集，导致 EB 共振光散射强度降低。但是，从整体上说，水中剩余的 DNA 对整个体系的共振光的影响更大，因此，从图 3-6 中可以看出，随着萃取 pH 的增大，水中剩余的 DNA 减少，从而增大了游离的 EB 浓度，导致该体系的共振光降低。

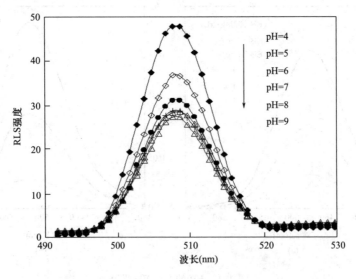

图 3-6 溶液 pH 对 IL—DNA—EB 体系的共振光散射光谱的影响

DNA 浓度为 2ng/μL，体积为 200μL；EB 溶液浓度为 10ng/μL，体积为 250μL；

BmimPF$_6$ 体积为 400μL；乙腈体积为 1000~2000μL；萃取时间为 30min。

3.3.5　离子液体的量对共振光的影响

在测定离子液体相中 DNA—EB 体系的共振光散射强度时，由于存在着大量的离子液体，而离子液体的量可能会对 DNA—EB 体系的共振光散射强度有影响，因此，实验中考察了离子液体的量对 EB—DNA 体系的共振光散射的影响，测定在纯 EB 体系及 EB—DNA 体系中加入不同体积的离子液体后的共振光散射强度，如图 3-7 所示。结果表明，无论是纯 EB 体系还是 DNA—EB 体系，共振光强度皆随离子液体体积增大而显著增大，且影响显著，因此，在实验中应尽可能保证体系中离子液体的用量准确，否则容易带来很大的误差。

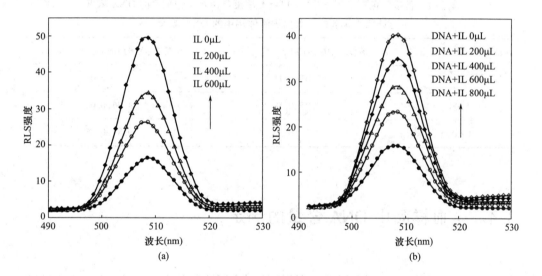

图 3-7　不同离子液体的量时的 RLS 光谱

（a）无 DNA 时：EB 溶液浓度为 10ng/μL，体积为 250μL；乙腈体积为 1000~2000μL。

（b）存在 DNA 时：DNA 浓度为 2ng/μL，体积为 200μL；EB 溶液浓度为 10ng/μL，

体积为 250μL；乙腈体积为 1000~2000μL；萃取时间为 30min。

3.3.6　共振光散射测定离子液体中 DNA 方法的性能分析

在上述共振光散射实验中发现，在离子液体中 DNA—EB 体系的共振光散射强度变化量与进入离子液体中的 DNA 浓度成线性关系，基于此，建立了一种直接定量离子液体中 DNA 浓度的方法。将 100μL BmimPF$_6$ 和 200μL DNA 样品及 10μL EB 溶液混合，加入 1000~2000μL 乙腈使体系成为均匀的一相，采用上述共振光方法

进行测定。该方法线性范围为 0.2 ~ 0.8ng/μL，检出限为 0.05ng/μL（小牛胸腺DNA），相对标准偏差 RSD<5%（DNA 浓度为 0.5ng/μL 时）。

为验证该方法的准确性和可靠性，采用上述共振光散射法对从 2.0ng/μL，5.0ng/μL，10ng/μL DNA 溶液中萃取了 DNA 的离子液体相中的 DNA 浓度进行了测定，测定结果与由水相中剩余的 DNA 浓度计算而得到的转入离子液体相中的 DNA浓度进行了比较。结果如表 3-1 所示。很显然，由本实验所建立的基于共振光散射的测定方法能有效地对萃取进入离子液体相中的 DNA 进行定量分析。

表 3-1　直接测定离子液体相中的 DNA 浓度与由水相中剩余的 DNA 浓度
计算而得到的转入离子液体相中的 DNA 浓度

DNA 样品浓度（ng/μL）	离子液体相中测定的 DNA 浓度（ng/μL）	水相中测定的 DNA 浓度（ng/μL）
2.00	2.03±0.15	1.99±0.05
5.00	4.95±0.18	4.96±0.08
10.00	9.71±0.20	9.83±0.15

3.4　全血样品中 DNA 含量的测定

为了考察该方法的实用性，采用该方法对实际生物样品全血中 DNA 的含量进行了测定。全血样品处理操作过程如下：1.0mL 抗凝血放到离心管中，在 10000r/min条件下离心 10min 后，弃除上层血清，再加入 500μL 细胞裂解剂（0.01mol/L Tris-HCl，0.1mol/L EDTA，0.5% SDS，pH=8.0）和 10μL Proteinase K（20μg/μL）溶液。将上述混合物放到 37℃ 水浴中孵化 2h，接着在 50℃ 下水浴中放置 3h，取5.0μL 处理后的血液样品稀释到 200μL，加入 400μL 离子液体进行萃取操作。取萃取全血 DNA 后的离子液体 100μL 与 10μL EB 溶液（2mg/mL）混合，再加入 1.9mL的乙腈，按照上述共振光散射测定方法对全血样品中 DNA 的浓度进行了测定，同时在细胞裂解前，向全血中加入一定浓度的小牛胸腺 DNA，进行了加标回收实验，结果如表 3-2 所示。

表 3-2　采用上述测定方法测定全血样品中 DNA 浓度的分析结果

样品	测定值（ng/μL）	加标（ng/μL）	回收率（%）
全血样品 1	36.0±3.9	40.0	95.4
全血样品 2	30.7±4.0	40.0	102.6

从表 3-2 可以看出，应用该共振光散射方法可以实现对全血中 DNA 含量的测定，该方法测定得到的结果与文献报道[23]的全血中 DNA 浓度基本一致。

3.5　结论

本章在前一章节离子液体萃取 DNA 的基础上，建立了离子液体中 DNA 含量的直接定量分析方法。

（1）对 EB—DNA 体系的共振光散射进行了研究，结果表明，水溶液中的 EB—DNA 体系的共振光散射强度随着 DNA 浓度的增大而显著增强；当 DNA 被萃取到离子液体中后，EB—DNA 体系的共振光强度随着 DNA 浓度增大而明显降低。据此，建立了直接定量离子液体相中 DNA 浓度的共振光散射方法。

（2）作用机理研究表明，在水溶液中，EB 分子插入 DNA 的双螺旋结构中，发生键合反应作用，导致游离的 EB 分子浓度降低；当 DNA 被萃取到离子液体中后，EB 分子不能够插入 DNA 的双螺旋结构中，EB 与 DNA 仅发生静电相互作用，导致 EB 在 DNA 表面发生浓集，使 EB 浓度在局部增大。

（3）EB 分子的共振光散射研究表明，无论在水溶液还是离子液体中，EB 分子的共振光散射强度均随 EB 浓度增大而降低。其原因主要是由于 EB 分子在 480～530nm 波长范围内有明显的光散射与光吸收，即 EB 分子自身同时存在荧光团和吸收团，荧光团发射的散射光（480～530nm）被吸收团所吸收，导致了内滤效应的产生，最终引起 EB 的共振光强度随着 EB 浓度的增大而降低。

（4）实际血样中 DNA 的测定结果表明，该方法能够准确地定量实际血样中的 DNA 浓度，与测定水溶液中获得的结果相吻合。

（5）该方法的优点。常规测定 DNA 方法都是在水溶液中进行，离子液体的存在对其荧光有猝灭作用，无法测定；本方法在离子液体中仍可以对 DNA 进行准确测定。采用该方法，解决了上一章离子液体中 DNA 浓度的直接测定问题。

（6）该方法的不足。体系的共振光强度变化幅度小，相对误差较大；同时，由于体系中离子液体阳离子的电荷屏蔽作用，使 EB 与 DNA 的静电作用减弱，其共振光变化不显著，使其线性范围较小。

参考文献

[1] 达毛拉·杰力里，黄承志.酚藏花红与 DNA 作用的共振光散射特征及微量 DNA 的光散射测定 [J].分析化学，1999，10，1204-1207.

[2] 司文会.吖啶黄与脱氧核糖核酸加成反应机理及其在微量 DNA 测定中的应用 [J].理化检验（化学分册），2007，43，460-462.

[3] 汪敬武，朱霞萍，孙骅，等.吖啶橙荧光探针法测定人体尿液中的 DNA [J].光谱学与光谱分析，2003，23（5）：899-902.

[4] MARX G，ZHOU H，GRAVES D E，et al. Covalent attachment of ethidium to DNA results in enhanced topoisomerase Ⅱ-mediated DNA cleavage [J]. Biochemistry，1997，36（50）：15884-15891.

[5] CESARONE C F，BOLOGNESI C，SANTI L. Improved microfluorometric DNA determination in biological material using 33258 Hoechst [J]. Anal. Biochem.，1979，100（1）：188-197.

[6] 何品刚，孙星炎，徐春，等.脱氧核糖核酸与双苯甲亚胺相互作用的荧光特征研究 [J].分析化学，1999，27（4）：398-401.

[7] 俞英，周震涛，吴霖.铝试剂荧光光谱法测定核酸 [J].分析试验室，2005，24（3）：31-35.

[8] 王岩玲，杨周生.联吡啶-铜（Ⅱ）络合物荧光增强法测定核酸 [J].分析化学，2005，33（1）：57-59.

[9] 冯硕，李正平，张淑红，等.共振光散射技术测定核酸的研究进展 [J].光谱学与光谱分析，2004，24（12）：1676-1680.

[10] 潘宏程，蒋治良，袁伟恩，等.金纳米粒子共振散射与共振吸收的关系 [J].

应用化学，2005，22（3）：282-285.

[11] 魏永巨，康志敏，戚秀菊，等.铝试剂的共振散射光谱研究［J］.光谱学与光谱分析，2003，23（1）：115-118.

[12] 衷明华.硫化物—CTAB 体系共振光散射法测定铜［J］.中国卫生检验杂志，2005，15（1）：1286-1287.

[13] 肖锡林，王永生，李木兰，等.健那绿共振光散射法测定水中阴离子表面活性剂［J］.中国卫生检验杂志，2004，14（3）：290-291.

[14] 龙云飞，蒋文军，陈小明，等.酚酞敏化共振光散射法测定 DNA［J］.应用化学，21（11）：1187-1189.

[15] 刘晨，陈小明，向海艳，等.玫苯胺共振光散射法测定 DNA［J］.光谱学与光谱分析，2001，21（5）：697-700.

[16] LI Z P, DUAN X R, LIU C H, et al. Selective determination of cysteine by resonance light scattering technique based on self-assembly of gold nanoparticles［J］. Analytical Biochemistry, 2006, 351（1）：18-25.

[17] LI L, SONG G W, FANG G R. Determination of bovine serum albumin by a resonance light-scattering technique with the mixed-complex La（Phth）（phen）$^{3+}$［J］. Journal of Pharmaceutical and Biomedical Analysis, 2006, 40（5），1198-1201.

[18] 向海艳，陈小明，李松青，等.亚甲基蓝共振光谱散射法测定脱氧核糖核酸［J］.分析化学，2000，28（11）：1398-1401.

[19] 曾金祥，陈小明，蔡昌群，等.碱性品红共振光散射法测定 DNA 研究［J］.分析科学学报，2005，21（6）：664-666.

[20] WU X, YANG J H, SUN S N, et al. Determination of nucleic acids based on the quenching effect on resonance light scattering of the Y（III）-1, 6-bi（1′-phenyl-3′-methyl-5′-pyrazolone-4′-）hexane-dione system［J］. Luminescence, 2006, 21（3），129-134.

[21] PASTERNACK R F, BUSTAMANTE C, COLLINGS P J, et al. Porphyrin assemblies on DNA as studied by a resonance light-scattering technique［J］. J. Am. Chem. Soc., 1993, 115（13），5393-5399.

［22］ 陈展光，丁卫锋，韩雅莉，等.两性离子表面活性剂作为共振光散射探针测定脱氧核糖核酸［J］.分析化学，2005，33（4）：519-522.

［23］ 冯宁川，林枫，刘利军，等.次甲基绿-溴代十六烷基三甲基铵体系共振光散射法测定脱氧核糖核酸［J］.中国卫生检验杂志，2005，15（2）：172-173.

［24］ CARDA-BROCH S, BERTHOD A, ARMSTRONG D W. Solvent properties of the 1 - butyl - 3 - methylimidazolium hexafluorophosphate ionic liquid ［J］. Anal. Bioanal. Chem. , 2003, 375（2）：191-199.

［25］ LONG E C, BARTON J K. On demonstrating DNA intercalation ［J］. Acc. Chem. Res. , 1990, 23（9）：271-273.

［26］ WANG J H, CHENG D H, CHEN X W, et al. Direct extraction of double-stranded DNA into ionic liquid 1-butyl-3-methylimidazolium hexafluorophosphate and its quantification ［J］. Anal. Chem. , 2007, 79（2）：620-625.

［27］ HE H R, LI H, MOHR G, et al. Novel type of ion-selective fluorosensor based on the inner filter effect: an optrode for potassium ［J］. Anal. Chem. , 1993, 65（2）：123-127.

［28］ SHAO N, ZHANG Y, CHEUNG S M, et al. Copper ion-selective fluorescent sensor based on the inner filter effect using a spiropyran derivative ［J］. Anal. Chem. , 2005, 77（22）：7294-7303.

第4章 离子液体1-丁基-3-三甲基硅咪唑六氟磷酸盐（BtmsimPF$_6$）萃取血红蛋白的研究

4.1 引言

血红素蛋白质（血红蛋白、细胞色素C、肌红蛋白）是一类涉及携氧及电子转移的蛋白质，在生命活动中起着至关重要的作用[1]。在生命科学研究中，需要高纯蛋白质样品，然而在生物样品中，蛋白质是与其他基体组分及杂质共存的，因此对生物样品中的蛋白质进行分离纯化是非常重要的。常用的蛋白质提取方法有水溶液萃取法、有机溶剂提取法、盐析法、等电点沉淀法、透析与超滤法、凝胶过滤法、离子交换层析法、亲和色谱法等[2]。对于亲水性的蛋白质，常选用稀盐溶液或缓冲溶液进行萃取。而对于一些和脂质结合比较牢固的蛋白质或分子中非极性侧链较多的蛋白质，可采用乙醇、丙酮和丁醇等有机溶剂来萃取。盐析法提取蛋白质主要是利用高浓度的盐离子夺取蛋白质分子的水化层使其"失水"，从而使蛋白质胶粒凝结并沉淀析出。亲和色谱法是根据蛋白质与另一种配体分子能特异而非共价地结合，可使某种待提纯的蛋白质从很复杂的蛋白质混合物中分离出来。以上这些方法，能够对蛋白质进行分离提纯，但是回收率不高，蛋白质容易变性，而且需采用沉淀、盐析、离心、过滤和色谱等技术除去杂质，才能够得到高纯的蛋白质。

随着分析技术的发展，新的萃取方法如反胶束、双水相萃取、超声萃取等技术也不断出现。蛋白质分子表面具有电荷，可以通过静电作用溶解在反胶束内部，采用反胶束可以实现大豆蛋白[3]、血红蛋白[4]、活性酶[5] 等的萃取。采用双水相体系也可以对特定的蛋白质进行萃取分离，PEG/磷酸盐、离子液体/磷酸二氢钾（KH$_2$PO$_4$）等双水相体系可以实现对 BSA 的萃取分离[6-8]。采用超声萃取技术可以显著地提高蛋白质的萃取率同时减少萃取时间。采用反胶束萃取时，蛋白质在反胶束内部不与有机溶剂接触，从而可以避免蛋白质的变性。但是在这些分离纯化方法中，常规有机溶剂的使用可能会导致一系列问题，如对生命物质的污染、毒性作用等，因此迫切需要建立一种替代传统有机溶剂的绿色萃取分离方法。

离子液体作为绿色溶剂具有不挥发、低的蒸汽压等显著特点，非常适合于替代传统的有毒、易挥发的有机溶剂。在过去的十几年中，离子液体已经成功地被用于有机合成[9-10]、生物催化[11]、萃取分离[12]等领域。在有机合成方面，离子液体能显著地提高反应的性能，如反应速率的控制、体系的取热及选择性合成等[13-14]。将酸性离子液体替代传统的强酸进行有机合成反应，可以解决环境污染及设备腐蚀等问题[15]。在萃取分离方面，离子液体已被广泛地用于金属离子[16]及有机物[17]的萃取分离，采用辅助萃取剂（冠醚等）可以萃取环境污染物中的重金属离子[18]。由于离子液体对很多有机物有良好的溶解性能，因此，可被用来萃取分离烷烃、酚类等有机物[19-20]。以上研究表明，采用离子液体替代传统的有机溶剂进行有机合成及萃取分离，可以显著提高有机反应及萃取分离的性能，同时还可以减少有机溶剂带来的环境污染。而且，采用适合的辅助萃取剂或萃取体系，离子液体也可以萃取分离出氨基酸、白蛋白、细胞色素 C、激素等生物分子[21-23]。然而在这些离子液体萃取蛋白质的方法中，由于蛋白质不能溶解在离子液体中，必须使用辅助萃取剂（如冠醚）才能将蛋白质萃取，而且由于冠醚类辅助萃取剂会与金属结合，因此在萃取分离生物分子过程中，不可避免地会引入金属类杂质。

本章结合前述第二章离子液体萃取 DNA 的实验，合成了一系列具有特定官能团的离子液体，对蛋白质的萃取分离进行了研究。发现在不添加任何辅助萃取剂的条件下，血红蛋白能被直接萃取到离子液体 1-丁基-3-三甲基硅咪唑六氟磷酸盐（BtmsimPF$_6$）中。本章对离子液体 BtmsimPF$_6$ 萃取血红蛋白的萃取条件及萃取机理进行了详细研究。结果表明，离子液体的咪唑阳离子可以与血红蛋白中血红素分子中的铁原子发生共价配位，从而使血红蛋白质被萃取到离子液体中。

4.2 实验部分

4.2.1 仪器

T 6 新世纪型紫外-可见分光光度计（北京普析通用仪器有限责任公司）

F-7000 荧光分光光度计（日立公司，日本）

^{57}Fe 穆斯堡尔光谱仪（中国核工业集团有限公司）

Jasco J-810 型圆二色（CD）光谱仪（日立公司，日本）

90005-02 纯水系统（LABCONCO，美国）

Spect rum One 红外光谱仪（Perkin Elmer 公司，美国）

WX-80A 旋涡混合器（上海医科大学仪器厂）

W-02 电动搅拌器（沈阳工业大学）

恒温水浴锅（山东鄄城华鲁电热仪器有限公司）

4.2.2　试剂

牛血红蛋白（H2500）、细胞色素 C（C7752）、肌红蛋白（0630）、转铁蛋白（T3309）、脱辅基肌红蛋白（A8673）、白蛋白（A3311）（Sigma，美国）

蛋白标准分子量 Marker（大连宝生物工程有限公司）

1-甲基咪唑（临海市凯乐化工厂）

氯代正丁烷（北京化学试剂公司）

六氟磷酸（江苏昆山嘉隆生物科技有限公司）

乙酸乙酯（天津市天河化学试剂厂）

十二烷基磺酸钠（国药集团沈阳分公司）

所有试剂除特别声明外皆为分析纯，实验用水为二次去离子水（18MΩcm）。

2.0mg/mL 蛋白储备液：精确称取 20mg 蛋白质，用二次去离子水溶解定容至 10mL，于 0~4℃储存，使用时稀释为 100ng/μL 工作液。

4.2.3　离子液体的合成

4.2.3.1　1-丁基-3-三甲基硅咪唑六氟磷酸盐（BtmsimPF$_6$）的合成[24]

将 0.5mol 的三甲基硅咪唑与 0.5mol 的氯代正丁烷加入 500mL 的三口圆底烧瓶中，再加入 50mL 的甲苯，通入氮气保护，水浴加热到 85℃，搅拌回流 72h，得到产物 1-丁基-3-三甲基硅咪唑氯代盐（BtmsimCl）。用 50mL 乙酸乙酯洗涤 3 次，在真空干燥箱中 80℃干燥 24h，得到 1-丁基-3-三甲基硅咪唑氯代盐（BtmsimCl），收率为 80%。

将 0.5mol 上述反应得到的 BtmsimCl 加到 500mL 塑料烧瓶中，再加入 100mL 水，搅拌并向其中滴加 100mL 的六氟磷酸，控制反应过程的温度不超过 50℃，搅拌 1h 后，取出下层溶液用二次去离子水洗涤，直到洗涤水溶液的 pH 为 6.5 左右，将产物放在干燥箱中 80℃ 干燥 24h，得到 1-丁基-3-三甲基硅咪唑六氟磷酸盐（BtmsimPF$_6$），收率为 85%。合成的离子液体 BtmsimPF$_6$ 的核磁共振 ^{1}H 谱为：^{1}H-NMR（in CD$_3$COCD$_3$）0.46（s，9H），0.889（t，3H），1.324（m，2H），1.868（m，2H），4.34（m，2H），7.512（d，1H），7.674（d，1H），8.71（d，1H）。

4.2.3.2 1,3-二丁基咪唑六氟磷酸盐（BBimPF$_6$）的合成

将 0.5mol 的三甲基硅咪唑与 1.1mol 的氯代正丁烷加入 500mL 的三口圆底烧瓶中，水浴加热到 90℃，搅拌回流 72h，得到产物 1,3-二丁基咪唑氯代盐（BBimCl），用 50mL 乙酸乙酯洗涤 3 次，在真空干燥箱中 80℃ 干燥 24h，得到 1,3-二丁基咪唑氯代盐（BBimCl），收率为 80%。

将 0.5mol 上述反应得到的 BBimCl 加入 500mL 塑料烧瓶中，再加入 100mL 水，搅拌并向其中滴加 100mL 的六氟磷酸，控制反应过程的温度不超过 50℃，搅拌 1h 后，取出下层溶液用二次去离子水洗涤，直到洗涤水溶液的 pH 为 6.5 左右，将产物放在干燥箱中 80℃ 干燥 24h，得到 1,3-二丁基咪唑六氟磷酸盐（BBimPF$_6$），收率为 75%。合成的离子液体 BBimPF$_6$ 的核磁共振 ^{1}H 谱为：^{1}H-NMR（in CD$_3$COCD$_3$）0.963（s，6H），1.394（m，4H），1.938（m，4H），4.371（m，4H），7.768（d，1H），7.770（d，1H），9.03（d，1H）。

4.2.3.3 1-丁基-3-甲基咪唑六氟磷酸盐（BmimPF$_6$）的合成[25]

将 0.52mol 的氯代正丁烷和 0.5mol 的 1-甲基咪唑，加入 500mL 三口圆底烧瓶中，水浴加热到 75℃，搅拌回流 72h。反应过程中可观察到白色浑浊现象，继续反应直到溶液变为浅黄色透明液体，用 50mL 乙酸乙酯洗涤 3 次，在真空干燥箱中 80℃ 干燥 24h，可得到 1-丁基-3-甲基咪唑氯代盐（BmimCl），收率为 80%。

将 0.5mol 的 BmimCl 和 100mL 水加入 500mL 三口圆底烧瓶中，不断搅拌中滴加 100mL 的六氟磷酸，控制反应温度不超过 50℃，搅拌 1h 后，取出下层溶液用二次去离子水洗涤，直到洗涤水的 pH 为 6.5 左右，将产物放至干燥箱中 80℃ 干燥

24h，得到1-丁基-3-甲基咪唑六氟磷酸盐（BmimPF$_6$），收率为77%。合成的离子液体BmimPF$_6$的核磁共振^{1}H谱为：^{1}H-NMR（in CD$_3$COCD$_3$）δCH$_3$（1）：3H，singlet（s），4.004ppm，δH（2）：1H，s，8.941ppm，δCH$_2$（3）：2H，triplet（t），4.311ppm，δH（4）：1H，s，7.703ppm，δH（5）：1H，s，7.652ppm，δCH$_2$（6）：2H，quintet，1.884ppm，δCH$_2$（7）：2H，sextet，1.357ppm，δCH$_3$（8）：3H，t，0.928ppm。

4.2.4 实验操作步骤

（1）萃取操作过程。在室温下将一定体积（50~1000μL）的离子液体Btm-simPF$_6$与3mL浓度为20~200ng/μL的血红蛋白水溶液加入5mL离心管中，并在振荡器上剧烈振荡30min，使蛋白质水溶液与离子液体充分混合，静置5min分层后，取上层水溶液测定其406nm处的吸光度。根据萃取前后血红蛋白的吸光度变化，计算血红蛋白的萃取率。

（2）反萃取操作。向上述萃取血红蛋白后的离子液体中加入3mL十二烷基磺酸钠（SDS）溶液，混合震荡30min后，离心分离，取上层水相测定吸光度，以原始水相中血红蛋白的量为基准，计算反萃取率。

4.3 结果与讨论

4.3.1 不同离子液体对几种蛋白质的萃取

在前述第二章内容中考察了离子液体BmimPF$_6$对几种蛋白质的萃取情况，结果表明，离子液体BmimPF$_6$并不能直接将蛋白质从水溶液中萃取到离子液体相。在本章节中又合成了两种改进的离子液体，所用三种离子液体如图4-1所示。合成的三种离子液体均为疏水性离子液体，具有相同的阴离子PF$_6^-$，不同的阳离子结构。随阳离子烷基侧链的增大，其疏水性顺序为：BmimPF$_6$< BBimPF$_6$< BtmsimPF$_6$。采用上述合成的离子液体，在不添加任何辅助萃取剂的条件下，考察了对不同蛋白质（白蛋白、转铁蛋白、脱辅基肌红蛋白、细胞色素C、血红蛋白、肌红蛋白）的萃取情况，结果表明，离子液体BmimPF$_6$不能直接将蛋白质从水溶液中萃取到离

子液体中；离子液体 BBimPF$_6$ 和 BtmsimPF$_6$ 可以直接将血红蛋白、肌红蛋白萃取到离子液体中，在一定条件下可以将部分细胞色素 C 萃取进入离子液体；而白蛋白、转铁蛋白、脱辅基肌红蛋白完全不能被萃取。

因此从以上实验结果可以看出，离子液体能将含有血红素基团的蛋白质（血红蛋白、肌红蛋白、细胞色素 C）从水溶液中萃取到离子液体中。基于获得的实验现象，本实验采用离子液体 BtmsimPF$_6$ 作为萃取溶剂，对血红蛋白的萃取进行了详细研究。

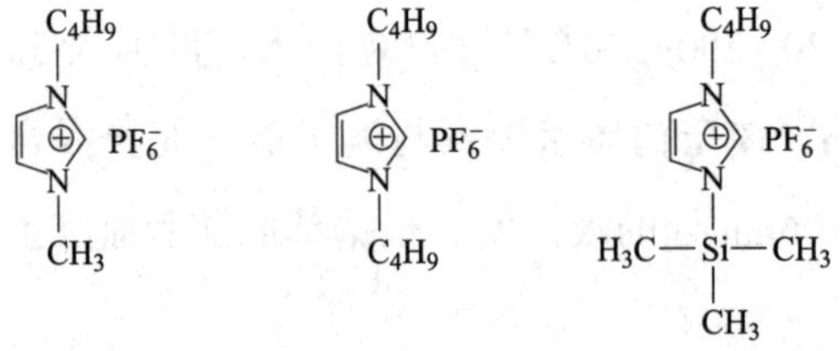

$$BmimPF_6 \qquad BBimPF_6 \qquad BtmsimPF_6$$

图 4-1　离子液体 BmimPF$_6$、BBimPF$_6$、BtmsimPF$_6$ 的分子结构式

4.3.2　离子液体萃取血红蛋白

基于以上获得的初步结果，实验中对离子液体 BtmsimPF$_6$ 萃取血红蛋白进行了研究。将 3mL 血红蛋白（400ng/μL）与 1.0mL 离子液体 Btm-simPF$_6$ 加入到 5mL 离心管中，剧烈震荡 30min 后，静置 5min。如图 4-2 所示。萃取前离子液体相为浅黄色，血红蛋白溶液为淡黄色；而萃取后，上层水相颜色明显变浅，颜色几乎消失，下层离子液体相的颜色由浅黄色变成深红色。这个明显的颜色变化表明血红蛋白从水溶液中进入了离子液体相。

实验中具体考察了以上三种离子液体对血红蛋白的萃取情况，如图 4-3 所示。

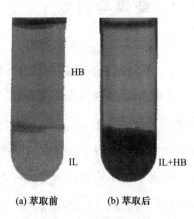

(a) 萃取前　　(b) 萃取后

图 4-2　水—离子液体两相

体系萃取血红蛋白照片

（血红蛋白浓度为 400ng/μL）

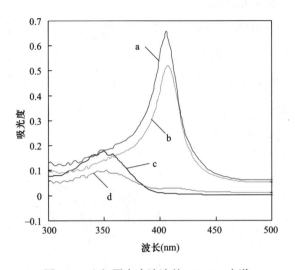

图 4-3　血红蛋白水溶液的 UV-Vis 光谱

a—萃取前　b—BmimPF$_6$ 萃取后　c—BtmsimPF$_6$ 萃取后　d—BBimPF$_6$ 萃取后

血红蛋白浓度和体积分别为 100ng/μL，3mL；IL 体积为 400μL；萃取时间为 30min。萃取前，血红蛋白水溶液（100ng/μL）在 406nm 处的吸光度为 0.68，采用三种离子液体直接对水溶液中的血红蛋白进行萃取后，发现血红蛋白水溶液在 406nm 的吸光度都有所降低，但是在相同的条件下，其萃取能力明显不同，BmimPF$_6$、BBimPF$_6$、BtmsimPF$_6$ 对血红蛋白的萃取率分别为 20%、93%、98%。结合实验中合成的三种离子液体的结构及疏水性顺序发现，随着阳离子侧链长度的增大其疏水性增强，血红蛋白的萃取率也明显增大，表明血红蛋白倾向于溶解在疏水性的离子液体中。因此，本实验中选择离子液体 BtmsimPF$_6$ 作为萃取溶剂，对血红蛋白的萃取进行了详细研究。

4.3.3　离子液体体积对萃取率的影响

基于以上实验结果，对离子液体 BtmsimPF$_6$ 萃取血红蛋白的实验条件进行了研究。实验中考察了离子液体体积对萃取率的影响，如图 4-4 所示。随着离子液体体积的增大，血红蛋白的萃取率明显增大。当离子液体体积大于 400μL 时，血红蛋白的萃取率不再增加，几乎保持不变，这表明萃取达到平衡。因此，本实验中选择离子液体的体积为 400μL。

4.3.4 萃取时间对萃取率的影响

实验中考察了萃取时间对萃取率的影响，结果如图4-5所示。随萃取时间增加，萃取率明显提高，当萃取时间达到20min时，萃取率保持不变，表明已达到萃取平衡，为了保证萃取充分完全，本实验中选择萃取时间为30min。

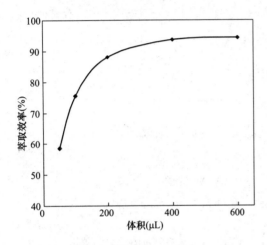

图4-4 离子液体体积对血红蛋白萃取率的影响

血红蛋白的浓度 50ng/μL，

体积 3mL；萃取时间 30min。

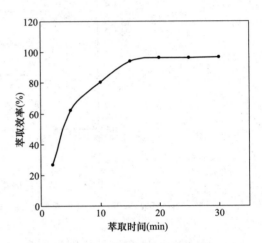

图4-5 萃取时间对血红蛋白萃取率的影响

血红蛋白的浓度 100ng/μL，

体积 3mL；离子液体 400μL。

4.3.5 反萃取

从以上实验可以看出，离子液体 BtmsimPF$_6$ 可以定量地从水溶液中将血红蛋白萃取到离子液体中，但是在后续的检测和应用过程中，离子液体中的蛋白质不能够直接地被应用，而必须将其从离子液体中反萃取到水溶液中。因此，本实验对离子液体中血红蛋白的反萃取进行了研究。

考察了不同酸度介质及使用不同盐类的反萃取情况，结果表明，不管是在酸性还是碱性介质下，血红蛋白都不能从离子液体相中反萃取到水溶液中；对采用不同种类的盐（NaCl、硝酸铵、柠檬酸、磷酸氢二钾等）作为反萃取溶剂的萃取研究表明，血红蛋白也不能被反萃取；对几种表面活性剂作为反萃取剂的反萃取研究表明，在有十二烷基磺酸钠（SDS）存在时，血红蛋白能被从离子液体中反萃取出来。实验中对采用 SDS 作为反萃取剂的反萃取条件进行了研究。

将萃取血红蛋白后的离子液体与不同浓度的 SDS 水溶液混合，在振荡器上剧烈振荡 30min 后，离心分层，测定上层水相的吸光度，以 406nm 的吸光度计算血红蛋白的反萃取率，其结果如图 4-6 所示。由图中可以看出，随着反萃取溶液中 SDS 浓度的增大，血红蛋白的反萃取率也明显增大，当 SDS 浓度大于 0.08g/mL 时，反萃取率大于 85%，表明离子液体中大部分血红蛋白可以被反萃取到水溶液中。然而，随着 SDS 浓度的增大，在实验过程中，两相黏稠度增大，很难将水相与离子液体相分离，同时，考虑到后续应用时 SDS 的浓度不宜过大，因此，本实验中选择的反萃取水溶液中 SDS 浓度为 0.06g/mL。

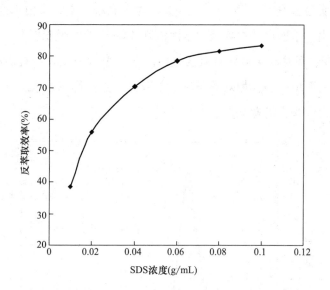

图 4-6 SDS 浓度对离子液体中血红蛋白反萃取率的影响

血红蛋白浓度为 20ng/μL，体积为 3mL；IL 体积为 400μL；萃取时间和反萃取时间为 30min。

4.3.6 萃取机理的研究

从以上实验结果可以看出，在无任何辅助萃取剂存在下，离子液体 BtmsimPF₆ 可直接萃取血红蛋白，这表明离子液体与血红蛋白间可能发生了一定的相互作用，因此实验中通过光谱分析对其可能的萃取机理进行了探讨。

4.3.6.1 静电吸引作用

血红蛋白的等电点为 6.8，当溶液的 pH 小于其等电点时，血红蛋白表面带正电荷，而当溶液的 pH 大于其等电点时，血红蛋白表面带负电荷，因此从理论上说，如果血红蛋白与离子液体之间存在静电吸引作用，则改变 pH 时血红蛋白的表面电荷会发生改变并导致萃取率的变化。

实验中考察了不同 pH（2~9）条件下离子液体对血红蛋白的萃取结果，如图4-7 所示。萃取前，随着血红蛋白水溶液 pH 的变化，血红蛋白的吸光度也发生变化，同时最大吸收波长也发生明显改变［图4-7（a~d）］。这表明在不同的 pH 条件下，血红蛋白的表面电荷及构型发生改变，同时构型的变化导致血红蛋白的疏水性基团和血红素基团所处的疏水性环境发生变化。因此，其吸光度的大小和最大吸收波长都发生明显改变[26]。图4-7（e~h）为萃取后，血红蛋白水溶液的吸光度。从图中可以看出，萃取后的血红蛋白水溶液在 406nm 处的吸光度大小几乎相同，尽管溶液 pH 改变，但是离子液体对血红蛋白的萃取率没有变化，这表明离子液体与血红蛋白之间的静电吸引作用对离子液体萃取血红蛋白作用不大，静电吸引作用并不是离子萃取血红蛋白的驱动力。

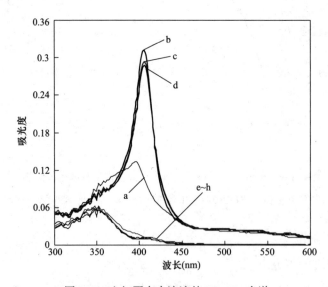

图4-7　血红蛋白水溶液的 UV-Vis 光谱

萃取前：a~d，pH 分别为 2，4，7，9；萃取后：e~h，pH 分别为 2，4，7，9；

血红蛋白浓度为 50ng/μL，体积为 3mL；IL 体积为 400μL；萃取时间为 30min。

4.3.6.2　共价配位作用

离子液体萃取不同种类蛋白质的研究结果表明，不含血红素基团的蛋白（白蛋白、转铁蛋白）完全不能被离子液体萃取；而细胞色素 C 在一定条件下可被离子液体萃取；血红蛋白、肌红蛋白能够直接被三种离子液体萃取。比较以上萃取的蛋白质，发现含有血红素的蛋白（血红蛋白、肌红蛋白、细胞色素 C）能被离子液体萃取。实验中又对脱辅基肌红蛋白、肌红蛋白的萃取进行了研究，结果表明，肌红蛋白可被离子液体萃取，而脱辅基肌红蛋白完全不能被离子液体萃取。这两种蛋白质最明显的区别是脱辅基肌红蛋白不含血红素基团。

采用不同烷基侧链的离子液体萃取血红蛋白的研究结果表明，随着离子液体阳离子的烷基侧链长度增加，血红蛋白的萃取率增大，这表明离子液体的阳离子结构对血红蛋白的萃取也有明显影响。离子液体阳离子上的烷基侧链增大，从性质上来说导致其疏水性更强；从结构上来说，使咪唑阳离子的电荷分布更均匀，具有更强的得电子能力，其配位能力也明显增强。

从以上分析可以看出，血红素分子和离子液体阳离子结构对血红蛋白的萃取都有显著影响。在血红蛋白中血红素的铁原子为五配位结构，除了与卟啉的 4 个吡咯氮原子共价配位构成血红素的平面骨架结构（图 4-8），还与邻近的组氨酸的咪唑氮原子配位，第六个配位键可与其他的小分子（O$_2$、CO、H$_2$O）结合[28]，当有合适的配体存在时，血红素中的铁原子会与其发生配位结合[27-29]。相关文献[27]已报道咪唑是一个较强的共价配体，可与血红素分

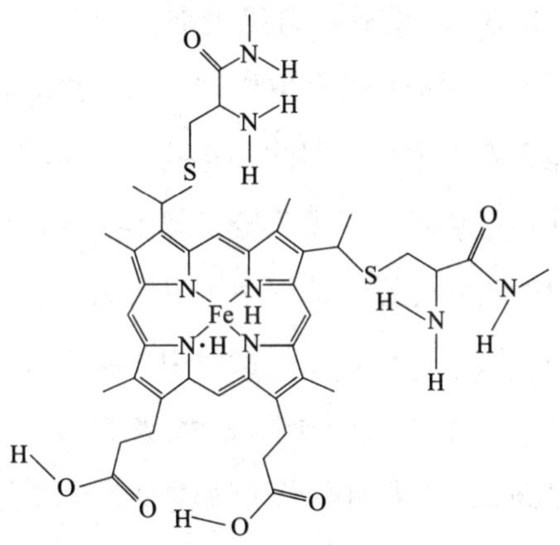

图 4-8　血红素的分子结构式

子中的铁原子发生配位作用。在离子液体 BtmsimPF$_6$ 中咪唑的烷基侧链为强吸电子基团丁基和三甲基硅，与咪唑相比离子液体的阳离子 Btmsim$^+$ 具有更强的配位能力。因此在萃取过程中，离子液体的阳离子 Btmsim$^+$ 可能与血红蛋白中血红素中的铁原子发生配位结合。

基于以上分析，推测离子液体 BtmsimPF$_6$ 萃取血红蛋白的机理可能是：离子液体中的咪唑阳离子 Btmsim$^+$ 与血红蛋白中血红素的铁原子发生配位结合，生成的 Btmsim⁺–heme 复合物被萃取到离子液体相中（图 4-9）。为了证明这个萃取机理，实验中对离子液体与血红蛋白的紫外—可见光谱、荧光光谱、⁵⁷Fe 穆斯堡尔谱、圆二色光谱进行了研究。

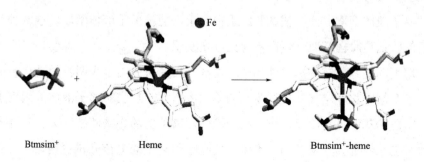

图 4-9　离子液体 BtmsimPF₆ 萃取血红蛋白的萃取机理

4.3.6.3　紫外—可见光谱

　　根据提及的萃取机理，可以推断在萃取过程中血红蛋白中血红素分子的结构可能会发生改变，因此，实验中对血红蛋白萃取前及被萃取到离子液体中后进行了紫外—可见吸收光谱测定，如图 4-10 所示。图 4-10（a）为血红蛋白浓度 250ng/μL 时的吸收光谱，从图中可以看出，在水溶液中血红蛋白在 406nm 处有吸收，该波长的光吸收主要是血红蛋白中血红素分子的吸收峰，而当血红蛋白被萃取到离子液体中后，血红素分子的最大吸收波长发生改变，其最大吸收波长从 406nm 变为 410nm，这表明在离子液体中血红蛋白的血红素分子结构发生了改变。图 4-10（b）为血红蛋白浓度 1.5mg/mL 时的吸收光谱。从图可以看出，在水溶液中时，血红蛋白在 538nm、574nm、630nm 有明显的吸收，538nm 为血红蛋白的 Q 带吸收峰，574nm 和 630nm 为血红蛋白的特征吸收峰；然而当血红蛋白被萃取到离子液体中后，其 Q 带吸收峰从 538nm 变为 530nm，其特征吸收峰从 574nm 变为 556nm，同时 630nm 处的吸收峰消失。

　　从吸收光谱图可以看出，在萃取过程中血红素配位结构发生了改变。在水溶液中，血红蛋白的血红素中铁原子是二价亚铁原子，为五配位结构，铁原子第六个配位位置与水分子结合[29]；而当血红蛋白被萃取到离子液体中后，铁原子第六个配位位置与咪唑阳离子结合形成配位键，从而导致其吸收光谱的明显变化。

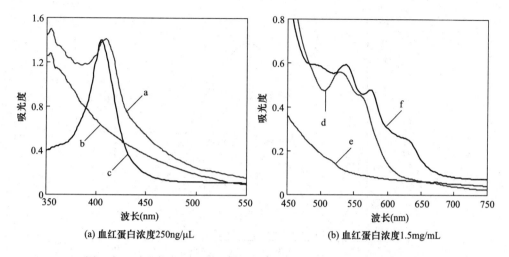

(a) 血红蛋白浓度250ng/μL　　　　　(b) 血红蛋白浓度1.5mg/mL

图 4-10　水相和离子液体相中两个浓度时血红蛋白的 UV-Vis 光谱

a—在水相　b—纯 IL　c—在 IL 相　d—在水相　e—纯 IL　f—在 IL 相

4.3.6.4　荧光光谱

　　基于以上萃取机理，在萃取过程中咪唑阳离子与血红素中铁原子发生配位，这样必然会导致咪唑阳离子结构发生改变，因此，如果能够测定咪唑阳离子在萃取前后结构发生变化，则可以定性地判断咪唑阳离子在萃取过程中发生了配位。

　　实验中测定发现，离子液体在一定波长激发下，能够发射出明显的荧光。这部分内容将在第 6 章中详细讨论。BtmsimPF₆ 是一种疏水性离子液体，其水中溶解度约为 0.5g/L。实验中将离子液体与二次去离子水混合，强烈震荡使离子液体充分地溶解到水中。将饱和的离子液体的水溶液在 344nm 激发波长下激发，测定其荧光光谱，如图 4-11 所示。

　　当以 344nm 波长激发时，离子液体 BtmsimPF₆ 在 421nm 处有明显的荧光，当离子液体饱和水溶液中加入血红蛋白后，其荧光光谱的最大吸收波长发生明显的红移，从 421nm 转变为 435nm，且荧光强度比纯离子液体水溶液的荧光强度明显降低（图 4-11 曲线 b）。对比以上实验结果可以看出，在有血红蛋白时离子液体的咪唑阳离子结构发生改变。而这个变化主要是由于血红蛋白中血红素的铁原子与离子液体咪唑阳离子中的氮原子配位后，咪唑阳离子的电子云分布发生改变，因此，导致其荧光强度及最大发射波长发生改变。

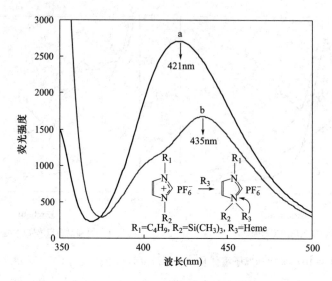

图 4-11　BtmsimPF$_6$ 的荧光光谱

a—离子液体饱和水溶液　b—血红蛋白浓度为 100ng/μL 的离子液体饱和水溶液

4.3.6.5　^{57}Fe 穆斯堡尔谱

由吸收光谱可确定在萃取过程中血红素分子结构发生改变，而由荧光光谱可推断出，在萃取过程中咪唑阳离子结构也发生改变，但并未确定配位原子。当与离子液体的咪唑阳离子配位后，铁原子的电子结构会发生相应的改变。为了证明血红素中的铁原子是否与离子液体咪唑阳离子发生配位，测定了血红蛋白的^{57}Fe 穆斯堡尔谱。

实验中测定了纯血红蛋白及血红蛋白与离子液体加合物的^{57}Fe 穆斯堡尔谱，如图 4-12 所示。从图中可以看出，在室温下测得的血红蛋白及血红蛋白与离子液体加合物的^{57}Fe 穆斯堡尔光谱图形均为单峰，这表明血红蛋白中铁原子在室温下是顺磁性的。根据获得的光谱进行数据计算，模拟得到血红蛋白及血红蛋白与离子液体加合物的^{57}Fe 穆斯堡尔谱相关参数。血红蛋白的同质异能移（IS）为 0.2348，四极劈裂（QS）为 0；而血红蛋白与离子液体加合物的同质异能移（IS）为 0.2161，四极劈裂（QS）为 -0.0545。从获得的相关参数可以看出，当血红蛋白与离子液体结合后，其同质异能移（IS）降低。同质异能移（IS）降低主要来自两个方面：一是铁原子外层 s 轨道电子云密度增大，另外一个是铁原子外层 d 轨道电子云密度降低[30,31]。通过分析认为，在本实验中血红素中铁原子的 IS 值降低主要是由于血红素中铁原子外层 d 轨道电子云密度降低引起的，按照上述萃取机理，咪唑阳离子带正电荷，是缺电子体系，当与血红素铁原子配位时，铁原子的外层 d 轨道与咪唑氮原子外层轨道杂化失去部分电子，从而导致铁原子的 IS 值降低。

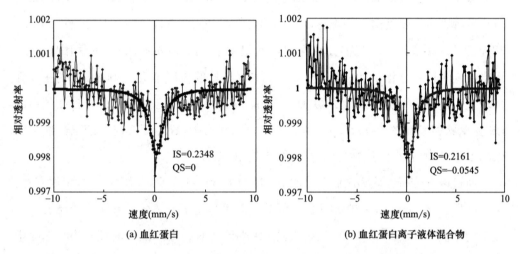

图 4-12　血红蛋白及离子液体与血红蛋白加合物的^{57}Fe 穆斯堡尔光谱

血红蛋白的铁原子四极劈裂（QS）为 0，表明在血红蛋白中铁不存在超精细结构，而在血红蛋白与离子液体的结合物中，四极劈裂（QS）为-0.0545，这表明铁原子的电子云对称性发生改变。同时 QS 值为负，表明铁原子与离子液体咪唑阳离子的配位杂化轨道是垂直于血红素分子平面的[32-33]。

从血红蛋白的^{57}Fe 穆斯堡尔谱可以看出，在萃取过程中离子液体咪唑阳离子的氮原子与血红素中的铁原子发生配位，导致血红素中铁原子电子结构发生改变，且配位杂化轨道是垂直于血红素平面。

4.3.6.6　血红素中铁原子的第六空配位

基于获得的实验结果和机理讨论，可以推断出血红蛋白主要是通过血红素中铁原子与离子液体咪唑阳离子间的配位作用，而被萃取到离子液体中。细胞色素 C 是一种含有血红素分子的蛋白质，实验中也采用离子液体对细胞色素 C 进行萃取研究。结果表明，尽管细胞色素 C 中存在着血红素基团，但是细胞色素 C 在相同的实验条件下是不能被离子液体萃取的。

实验研究发现，当溶液的 pH 小于 2 时，离子液体 BtmsimPF$_6$ 能够萃取细胞色素 C。通过测定血红蛋白与细胞色素 C 的圆二色光谱（CD）发现，在 pH 为 1 时，细胞色素 C 的光谱图与血红蛋白的光谱图形状相似，如图 4-13 所示。从 CD 光谱可以看出，当溶液的 pH 为 7 时，细胞色素 C 在 406nm 有一个正峰，在 420nm 处有一个负峰，这主要是由于细胞色素 C 中的血红素基团的铁原子除了与卟啉的四个氮相配位外，其第五、六配位分别与邻近的组氨酸-18 和 methionyl-80 相配位[34]；而当细胞色素 C 水溶液的 pH 小于 2 时，420nm 处的负峰消失，406nm 处的正峰强度增大。这表明细胞色素 C 的铁原子与 methionyl-80 的配位断裂，与血红蛋白的 CD 光谱状相似［图 4-13（a）］，因此，可以推测在 pH 小于 2 时，细胞色素 C 中铁的配位结构与血红蛋白中铁的配位结构是相似的。

通过以上分析，认为细胞色素 C 在 pH 为 7 时，铁原子以六配位结构形式存在，第六配位已与 methionyl-80 相配位，因此，无法与离子液体的咪唑阳离子结合，从而不能够被离子液体萃取；而当溶液的 pH 小于 2 时，第六配位断裂，当与咪唑阳离子接触时与之发生配位，从而将细胞色素 C 萃取到离子液体中。

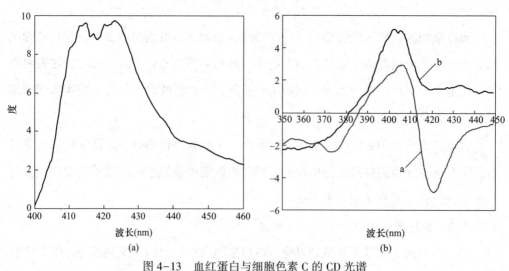

图 4-13　血红蛋白与细胞色素 C 的 CD 光谱

（a）血红蛋白的 CD 光谱：血红蛋白浓度为 250ng/μL。

（b）细胞色素 C 的 CD 光谱：细胞色素 C 浓度为 200ng/μL。

a—pH 为 7　b—pH 为 1

4.4　全血样品中血红蛋白的萃取分离

从上述实验结果可以看出，离子液体能够将血红蛋白从水溶液中萃取到离子液体相，而其他蛋白在相同实验条件下不被萃取。基于以上获得的结果，对人全血样品中的血红蛋白进行了萃取。全血样品的处理过程如下：10μL人全血样品稀释到20mL的二次去离子水中，取稀释后的全血溶液3mL与600μL离子液体混合进行萃取。按照上述操作萃取，取萃取血红蛋白后的离子液体与3mL浓度为0.06g/mL的SDS水溶液混合进行反萃取，并将反萃取后的水溶液进行凝胶电泳实验。其结果如图4-14所示。

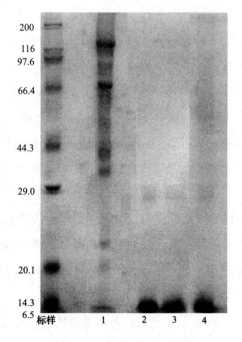

图4-14　标准SDS-PAGE

1—全血样品　2—从全血样品中萃取分离后的血红蛋白

3—250ng/μL的标准血红蛋白溶液　4—250ng/μL标准血红蛋白采用以上方法萃取分离后

测定结果表明：全血样品在6.5~116KDa范围内存在着几条明显的条带，这些条带可归于全血样品中白蛋白、转铁蛋白、血红蛋白等蛋白质，而使用离子液体萃取分离后的全血样品只在 14.3kDa 处有一个明显的条带，其他条带完全消失。与标准血红蛋白比较可以看出，这个 14.3kDa 处的条带是血样中的血红蛋白。通过凝胶电泳测定可看出，使用离子液体 BtmsimPF$_6$ 可以将血样中的血红蛋白与其他蛋白质等分离。

4.5　结论

本章对离子液体 1-丁基-3-三甲基硅咪唑六氟磷酸盐（BtmsimPF$_6$）萃取分离血红蛋白进行了研究，结果表明，无需添加其他任何辅助萃取剂，血红蛋白可以从水溶液被萃取到离子液体中，而其他蛋白质（白蛋白、转铁蛋白、细胞色素 C 等）不能被直接萃取。基于此，可建立一种离子液体萃取分离血红蛋白的方法。

（1）萃取条件及结果。对于体积为 3mL，浓度为 100ng/μL 的血红蛋白标准溶液，当离子液体体积为 400μL，萃取时间为 30min，溶液 pH 为 6.7 时，血红蛋白的萃取率在 95% 以上。采用 0.6% 的 SDS 作为反萃取剂，可将离子液体中的血红蛋白反萃取到水溶液中，对于 20ng/μL 的血红蛋白，反萃取率约为 85%。

（2）萃取机理。血红蛋白中血红素分子的铁原子与离子液体中的咪唑阳离子发生配位作用，离子液体的咪唑氮原子与血红素中铁原子发生轨道杂化，垂直于血红素分子平面与铁原子发生配位，从而将血红蛋白萃取到离子液体中。

（3）实际血样中血红蛋白的萃取分离。SDS-PAGE 凝胶电泳测定结果表明，采用离子液体可以实现对全血中血红蛋白的分离。

（4）该方法的优点。在萃取过程中，无需添加任何有机溶剂或辅助萃取剂，在室温下即可实现对血红蛋白的萃取。

（5）该方法的不足。反萃取过程中使用的反萃取剂为 SDS，因此，在反萃取后的血红蛋白溶液中含有大量 SDS，对其后续应用可能会有一定限制。

参考文献

［1］ CHO N, SONG S, ASHER S A. UV resonance raman and excited-state relaxation rate studies of Hemoglobin［J］. Biochemistry, 1994, 33（19）, 5932-5941.

［2］ 胡兴昌, 何娜, 唐仕华. 板蓝根生药中蛋白质提取方法的比较［J］. 上海师范大学学报: 自然科学版, 2004, 33（4）, 66-69.

［3］ 许林妹, 彭远宝. CTAB 反微团萃取大豆蛋白［J］. 中国粮油学报, 2005, 20（3）: 48-50.

［4］ VASUDEVAN M, WIENCEK J M. Mechanism of the extraction of proteins into tween 85 nonionic microemulsions［J］. Ind. Eng. Chem. Res. , 1996, 35（4）, 1085-1089.

［5］ 刘俊果, 邢建民, 畅天狮, 等. 反胶团萃取分离纯化纳豆激酶［J］. 科学通报, 2006, 51（2）: 133-137.

［6］ 胡松青, 李琳, 李冰, 等. PEG/磷酸盐双水相系统萃取 BSA 的研究［J］. 华南理工大学学报: 自然科学版, 2002, 30（8）: 64-68.

［7］ 邓凡政, 郭东方. 离子液体双水相体系萃取分离牛血清白蛋白［J］. 分析化学, 2006, 34（10）: 1451-1453.

［8］ DU Z, YU Y L, WANG J H. Extraction of proteins from biological fluids by use of an ionic liquid/aqueous two-phase system［J］. Chemistry-A European Journal, 2007, 13（7）: 2130-2137.

［9］ FAVRE F, OLIVIER-BOURBIGOU H, COMMEREUC D, et al. Hydroformylation of 1-hexene with rhodium in non-aqueous ionic liquids: how to design the solvent and the ligand to the reaction［J］. Chem. Commun. , 2001, 1（15）, 1360-1361.

［10］ ADAMS C J, EARLE M J, ROBERTS G, et al. Friedel-Crafts reactions in room temperature ionic liquids［J］. Chem. Commun. , 1988, 998（19）, 2097-2098.

［11］ SHAH S, GUPTA M N. Kinetic resolution of （+/-）-1-phenylethanol in ［Bmim］ ［PF_6］ using high activity preparations of lipases ［J］. Bioorg. Med. Chem. Lett. , 2007, 17 （4）: 921-924.

［12］ HUDDLESTON J G, WILLAUER H D, Swatloski R P, et al. Room temperature ionic liquids as novel media for clean liquid-liquid extraction ［J］. Chem. Commun. , 1998, 16, 1765-1766.

［13］ 张伟, 吴巍, 张树忠, 等. $BmimBF_4$ 离子液体中 PCl_3 催化的液相贝克曼重排 ［J］. 过程工程学报, 2004, 4 （3）: 261-264.

［14］ 陈治明, 李存雄, 余大坤. 离子液体超酸清洁催化苯的烷基化反应 ［J］. 有机化学, 2004, 24 （10）: 1307-1309.

［15］ 乔琨, 邓友全. 超强酸性室温离子液体反应介质中烷烃羰化研究 ［J］. 化学学报, 2002, 60 （8）: 1520-1523.

［16］ VISSER A E, SWATLOSKI R P, REICHERT W M, et al. , Task-specific ionic liquids incorporating novel cations for the coordination and extraction of Hg^{2+} and Cd^{2+}: synthesis, characterization, and extraction studies ［J］. Environ. Sci. Technol. , 2002, 36 （11）: 2523-2529.

［17］ ABBOTT A P, CULLIS P M, GIBSON M J, et al. Extraction of glycerol from biodiesel into a eutectic based ionic liquid ［J］. Green Chemistry, 2007, 9 （8）: 868-872.

［18］ LUO H M, DAI S, BONNESEN P V. Solvent extraction of Sr^{2+} and Cs^+ based on room-temperature ionic liquids containing monoaza-substituted crown ethers ［J］. Anal. Chem. , 2004, 76, 2773-2779.

［19］ KHACHATRYAN K S, SMIRNOVA S V, TOROCHESHNIKOVA I I et al,. Solvent extraction and extraction-voltammetric determination of phenols using room temperature ionic liquid ［J］. Anal. Bioanal. Chem. , 2005, 381 （2）, 464-470.

［20］ 朱吉钦, 陈健, 费维扬. 新型离子液体用于芳烃、烯烃与烷烃分离的初步研究 ［J］. 化工学报, 2004, 55 （12）: 2091-2094.

［21］ SMIRNOVA S V, TOROCHESHNIKOVA I I, FORMANOVSKY A A, et al. Solvent extraction of amino acids into a room temperature ionic liquid with dicyclohexa-no-18-crown-6 [J]. Anal. Bioanal. Chem. , 2004, 378 (5), 1369-1375.

[22] SHIMOJO K, KAMIYA N, TANI F, et al. Extractive solubilization, structural change, and functional conversion of Cytochrome c in ionic liquids via crown ether complexation [J]. Anal. Chem. , 2006, 78 (22): 7735-7742.

[23] SHIMOJO K, NAKASHIMA K, KAMIYA N, et al. Crown ether-mediated extraction and functional conversion of cytochrome c in ionic liquids [J]. Biomacromolecules, 2006, 7 (1): 2-5.

[24] LI Z J, WEI Q, YUAN R, et al. A new room temperature ionic liquid 1-butyl-3-trimethylsilylimidazolium hexafluorophosphate as a solvent for extraction and preconcentration of mercury with determination by cold vapor atomic absorption spectrometry [J]. Talanta, 2007, 71: 68-72.

[25] ONO T, GOTO M, NAKASHIO F, et al. Extraction behavior of hemoglobin using reversed micelles by dioleyl phosphoric acid [J]. Biotechnol. Prog. , 1996, 12 (6), 793-800.

[26] SMULEVICH G, NERI F, WILLEMSEN O, et al. Effect of the His175→Glu mutation on the Heme pocket architecture of cytochrome C peroxidase [J]. Biochemistry, 1995, 34 (41): 13485-13490.

[27] NAGAI K, WELBORN C, DOLPHIN D, et al. Resonance raman evidence for cleavage of the Fe-N$_\varepsilon$, (His-F8) bond in the α Subunit of the T-structure nitrosylhemoglobin$^+$ [J]. Biochemistry, 1980, 19 (21): 4755-4761.

[28] FITZGERALD M M, CHURCHILL M J, McRee D E, et al. Small molecule binding to an artificially created cavity at the active site of cytochrome C peroxidase [J]. Biochemistry, 1994, 33 (13): 3807-3818.

[29] GIBNEY B R, HUANG S S, SKALICKY J J, et al. Hydrophobic modulation of heme properties in heme protein maquettes [J]. Biochemistry, 2001, 40 (35): 10550-10561.

[30] NAKAZAWA H, ICHIMURA S, NISHIHARA Y, et al. Bond character between iron and phosphorus in Fe-P (E) YZ (E=O, S; Y, Z=alkoxy, amino, phen-

yl) as inferred from ^{57}Fe Mössbauer measurements [J]. Organometallics, 1998, 17 (23): 5061–5067.

[31] SILVERNAIL N J, NOLL B C, SCHULZ C E, et al. Coordination of diatomic ligands to heme: simply CO [J]. Inorganic Chemistry, 2006, 45 (18): 7050–7052.

[32] HU C J, NOLL B C, SCHULZ C E, et al. Proton–mediated electron configuration change in high–spin iron (II) porphyrinates [J]. J. Am. Chem. Soc., 2005, 127 (43): 15018–15019.

[33] HU C J, ROTH A, ELLISON M K, et al. Electronic configuration assignment and the importance of low–lying excited states in high–spin imidazole–ligated iron (II) porphyrinates [J]. J. Am. Chem. Soc., 2005 127 (15): 5675–5688.

[34] TSONG T Y. Acid induced conformational transition of denatured cytochrome c in urea and guanidine hydrochloride solutions [J]. Biochemistry, 1975, 14 (7): 1542–1547.

第5章 离子液体1-丁基-3-三甲基硅咪唑六氟磷酸盐（BtmsimPF$_6$）萃取细胞色素C的研究

5.1 引言

细胞色素C是一种水溶性蛋白酶，由一条肽链和一个血红素辅基构成，相对分子质量约为13000，等电点为9.8，是一种碱性蛋白质[1]。广泛参与动物、植物、酵母以及好氧菌、厌氧光合菌等的氧化还原反应，在生物氧化中起传递电子的作用[1,2]。细胞色素C是一种药用价值较高的生物产品，主要用于组织缺氧引起的一系列疾病如心脏病、脑血管障碍、药物中毒等[3]。因此，对细胞色素C的分离提取是非常有实际意义的。

常见的细胞色素C提取方法有盐析法、有机溶剂提取法、等电点沉淀法等。细胞色素C是膜的外周蛋白，能被盐溶液抽提出来，采用中性盐溶液可对细胞色素C进行粗提取，粗提后的细胞色素C再通过交换树脂进行纯化[4]。采用DEAE—纤维素柱进行分离，并用（NH$_4$)$_2$SO$_4$蒸馏法进行纯化，也可以获得细胞色素C[5]。通过加入表面活性剂，增强蛋白与表面活性剂的相互作用也能显著地提高蛋白质的萃取率[6]。采用以上分离方法可以得到细胞色素C的粗产品，但产品纯度较低，提取后的细胞色素C的粗产品，需要进一步的纯化，操作过程较多，同时由于大量盐的存在导致细胞色素C的活性降低。

一些特殊的溶剂或固体吸附材料也可被用作血红蛋白的萃取分离，聚乙二醇6000（PEG6000）修饰物混合吐温80—硫酸铵盐能与血红蛋白表面组氨酸咪唑基上的N原子配位，将其作为固相萃取剂可实现血红蛋白的萃取分离[7]。采用浊点萃取法，以吐温80为溶剂，以高分子试剂聚乙烯醇缩对甲酰基苯基偶氮变色酸作为萃取剂，可实现牛血红蛋白的定量萃取[8]。Goto 等[9] 采用杯环羧酸衍生物作为萃取溶剂对细胞色素 C 进行了萃取分离，结果表明，在萃取过程中赖氨酸的氨基与杯环羧酸发生相互作用，从而将细胞色素 C 萃取到杯环羧酸衍生物中，采用含有乙醇的酸性溶液可以将细胞色素 C 从有机相中反萃取到水相中。并将该方法成功地应用于细胞色素 C 与溶解酵素的分离。一些新的萃取方法也被用来对细胞色素 C 进行萃取分离，于艳春等[3] 采用三种反胶束体系对细胞色素 C 进行了萃取，结果表明，当采用阴离子表面活性剂萃取时，需要萃取溶液的 pH 小于细胞色素 C 的等电点；而当采用阳离子表面活性剂时，溶液的 pH 大于细胞色素 C 的等电点才能将细胞色素 C 萃取出来。Yu 等[10] 研究发现，采用反胶束萃取细胞色素 C 的机理主要是静电作用。

离子液体作为一种环境友好的溶剂，由于其显著的物理化学性质，已被用来萃取分离生物分子如氨基酸、白蛋白等[11,12]。但是由于这些生物分子不能直接溶解在离子液体中，因此必须采用适合的萃取体系或辅助萃取剂[11]。Goto 等[13,14] 报道了离子液体萃取细胞色素 C 的研究，发现以冠醚（DCH18C6）为辅助萃取剂可以将细胞色素 C 萃取进入离子液体中，细胞色素 C 与 DCH18C6 发生配位作用，生成的配合物被萃取到离子液体中。

在第四章中采用离子液体 1-丁基-3-三甲基硅咪唑六氟磷酸盐（$BtmsimPF_6$）对血红蛋白的萃取研究表明，血红蛋白可直接被萃取到离子液体中。通过机理研究发现，血红蛋白中五配位结构的亚铁原子可与离子液体的阳离子发生配位。但是，细胞色素 C 中的血红素是六配位结构，其铁原子的配位已满，因此离子液体不能直接萃取细胞色素 C。基于这个问题，本章拟采用合适的实验条件，将细胞色素 C 铁原子的第六配位键解离，形成五配位结构的亚铁原子，再采用离子液体 $BtmsimPF_6$ 对细胞色素 C 进行萃取，从而在不添加任何辅助萃取剂的条件下实现细胞色素 C 的直接萃取，并对相关的萃取机理进行初步研究。

5.2 实验部分

5.2.1 仪器

T6 新世纪紫外—可见分光光度计（北京普析通用仪器有限责任公司）

Jasco J-810 型圆二色（CD）光谱仪（日本分光公司，日本）

78HW-1 型恒温磁力搅拌器（杭州仪表电机厂）

WX-80A 旋涡混合器（上海医科大学仪器厂）

GDS8000 凝胶成像系统（UVP 公司，美国）

90005-02 纯水系统（LABCONCO，美国）

5.2.2　试剂

牛血红蛋白（H2500）、细胞色素 C（C7752）（Sigma，美国）

1-甲基咪唑（浙江临海市凯乐化工厂）

氯代正丁烷（北京化学试剂公司）

六氟磷酸（江苏昆山嘉隆生物科技有限公司）

乙酸乙酯（天津市天河化学试剂厂）

十二烷基磺酸钠（沈阳国药集团沈阳分公司）

1.0mg/mL 细胞色素 C 储备液：精确称取 10mg 细胞色素 C，用二次去离子水溶解后定容至 10mL，于-20℃储存，使用时稀释为 10~100ng/μL 工作液。

氢氧化钠、盐酸购于国药集团沈阳分公司。所有试剂除特别注明外皆为分析纯，实验用水均为二次去离子水（18MΩ·cm）。

5.2.3　1-丁基-3-三甲基硅咪唑六氟磷酸盐（BtmsimPF$_6$）的合成[15]

将 0.5mol 的三甲基硅咪唑与 0.5mol 的氯代正丁烷加入 500mL 的三口圆底烧瓶中，再加入 50mL 甲苯，通入氮气保护，水浴加热到 85℃，搅拌回流 72h，得到产物 1-丁基-3-三甲基硅咪唑氯代盐（BtmsimCl），用 50mL 乙酸乙酯洗涤 3 次，在真空干燥箱中 80℃干燥 24h，得到 1-丁基-3-三甲基硅咪唑氯代盐（BtmsimCl），收率为 80%。

将 0.5mol 上述反应得到的 BtmsimCl 加入 500mL 塑料烧瓶中，再加入 100mL水，搅拌并向其中滴加 100mL 六氟磷酸，控制反应温度不超过 50℃，搅拌 1h 后，取出下层溶液用二次去离子水洗涤，直到洗涤水溶液的 pH 为 6.5 左右，将产物放在干燥箱中 80℃干燥 24h，得到 1-丁基-3-三甲基硅咪唑六氟磷酸盐（BtmsimPF$_6$），收率为 85%。合成的离子液体 BtmsimPF$_6$ 的核磁共振 ^{1}H 谱为：^{1}H−NMR（in CD$_3$COCD$_3$）0.46（s，9H），0.889（t，3H），1.324（m，2H），1.868（m，2H），4.34（m，2H），7.512（d，1H），7.674（d，1H），8.71（d，1H）。

5.2.4 实验操作步骤

将 3mL 5.0ng/μL 的细胞色素 C 水溶液（pH=1）与 400μL 离子液体混合，涡旋震荡 30min 后离心分离，取上层水相测定 406nm 处的吸光度，以萃取前、后吸光度变化计算萃取率。将萃取细胞色素 C 后的离子液体与 3mL 二次去离子水混合，震荡 30min 后离心分离，取上层水相测定其吸光度，以萃取到离子液体中的细胞色素 C 的量为基准，计算反萃取率。

5.3 结果与讨论

5.3.1 pH 对萃取率的影响

第四章研究发现在无任何其他辅助萃取剂的条件下，血红蛋白可直接被萃取到离子液体中，但是对含有血红素基团的细胞色素 C 的萃取研究表明，在中性环境中离子液体不能直接将其萃取，而当溶液为酸性时，离子液体 BtmsimPF$_6$ 能够直接萃取细胞色素 C。

实验中分别考察了 pH 对萃取前、后细胞色素 C 水溶液的吸收光谱的影响，结果如图 5-1 所示。pH 在 2~6.5 范围内，萃取前细胞色素 C 的水溶液在最大吸收点处的吸光度随 pH 降低而明显增大；当 pH 小于 2 时，其相应的吸光度反而降低。其原因可能是细胞色素 C 随 pH 的变化而发生了相应的构型改变。在中性条件下，细胞色素 C 的疏水性氨基酸及血红素被包埋在细胞色素 C 的肽链中，pH 降低后，肽链发生伸展使包埋在蛋白质肽链中的疏水性基团及血红素外露[16]，因此吸光度增大。当溶液的 pH 小于 2 时，细胞色素 C 氨基酸中的咪唑氮原子与血红素中铁原子的配位键断裂[17]，造成吸光度反而降低。当细胞色素 C 被离子液体萃取后，溶液的吸光度值随 pH 的降低而减少，表明水溶液的酸性增大，有利于细胞色素 C 的萃取。因此，本实验中采用的萃取条件为 pH=1。

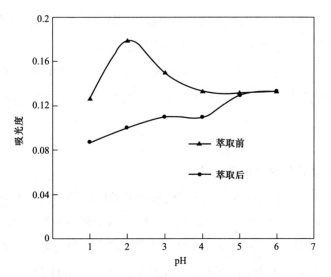

图 5-1　pH 变化对萃取细胞色素 C 的影响

细胞色素 C 的浓度为 3mL，体积为 20ng/μL；离子液体体积 400μL；萃取时间 30min。

5.3.2　细胞色素 C 浓度对萃取率的影响

以上实验结果表明，当细胞色素 C 浓度为 20ng/μL 时，离子液体仅能对其部分萃取。实验中考察了细胞色素 C 浓度（5.0~30ng/μL）对萃取率的影响，如图 5-2

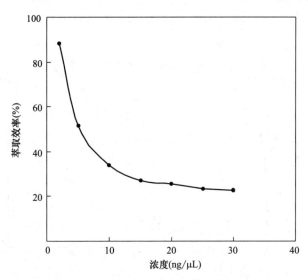

图 5-2　细胞色素 C 浓度对萃取率的影响

细胞色素 C 体积为 3mL；离子液体体积为 400μL；萃取时间为 30min；pH 为 1。

所示。将 3mL 细胞色素 C 水溶液调节至 pH=1，与 400μL 离子液体混合进行萃取，取上层水相测定吸光度值。结果表明，当细胞色素 C 的浓度小于 5.0ng/μL 时，萃取率达到 85%。但是随着水溶液中细胞色素 C 浓度增大，细胞色素 C 的萃取率呈下降趋势，这表明离子液体只能部分萃取细胞色素 C。为增大萃取率，可按下述操作适当增加离子液体体积。

5.3.3 离子液体体积对萃取率的影响

如上所述，适量离子液体可以有效地萃取低浓度的细胞色素 C。固定细胞色素 C 水溶液体积为 3mL，浓度为 20ng/μL，考察了离子液体体积（50~800μL）对细胞色素 C 萃取率的影响。实验结果表明，当离子液体体积为 400μL 时，对此浓度的细胞色素 C 的萃取率只能达到 33%，继续增加离子液体的体积，萃取率不再增大。为提高萃取率，实验中尝试了二次萃取，即将萃取后的细胞色素 C 水溶液与 400μL 新鲜离子液体混合进行萃取，结果表明，二次萃取率与首次萃取率结果接近，约为 30%。因此，可以采用分级多次萃取的方法来提高细胞色素 C 的萃取率。

5.3.4 萃取时间对萃取率的影响

萃取时间对萃取率的影响如图 5-3 所示。很显然，在萃取开始的短暂时间内，

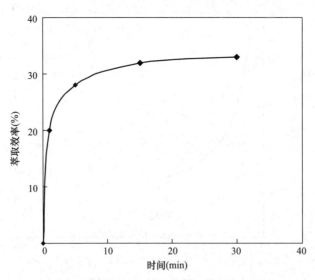

图 5-3 萃取时间对细胞色素 C 萃取率的影响

细胞色素 C 的浓度为 20ng/μL，体积为 3mL；离子液体体积为 400μL；溶液 pH 为 1。

萃取率的提高很明显，随后继续增加萃取时间，萃取率的增加变缓。至 20min 时已近达到平衡。为保证萃取过程充分达到平衡，本实验中采用的萃取时间为 30min。

5.3.5　反萃取

从以上实验结果可以看出，在酸性条件下细胞色素 C 可从水溶液中萃取到离子液体 BtmsimPF₆ 中，但后续的检测和应用一般都是在水溶液中进行，因此须将细胞色素 C 从离子液体中反萃取到水溶液中。本实验对离子液体中细胞色素 C 的反萃取进行了研究。

实验研究发现，采用二次去离子水（pH=6.7）即可将离子液体中的部分细胞色素 C 反萃取到水溶液中（图 5-4），其具体操作为：调节细胞色素 C 水溶液的 pH 为 1.0，测得其吸光度为 0.135，将细胞色素 C 溶液与 400μL 离子液体混合，按前述方法萃取，测定萃取后溶液的吸光度为 0.090，取 400μL 萃取细胞色素 C 的离子液体与 3mL 二次去离子水（pH=6.7）混合，涡旋震荡 30min 后离心分离，测定反萃取后水溶液的吸光度为 0.018（扣除基线），以萃取到离子液体中细胞色素 C 的

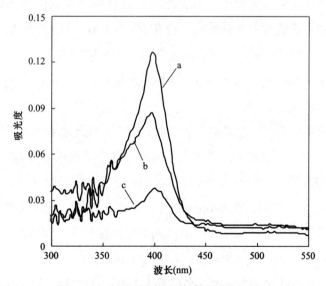

图 5-4　从离子液体中反萃取细胞色素 C

a—反萃取前溶液　b—反萃取后溶液　c—反萃取后溶液（扣除基线）

细胞色素 C 的浓度为 20ng/μL，体积为 3mL pH=1；离子液体体积为 400μL；

萃取时间 30min；反萃取水溶液体积为 3mL，pH=6.7；反萃取时间 30min。

量为基准，得到细胞色素 C 的反萃取率为 33%。

用 pH 为 6.7 的二次去离子水作为反萃取剂，无须加入任何辅助溶剂，即可将细胞色素 C 从离子液体中反萃取出来。其可能原因是在中性条件下细胞色素 C 的疏水性基团及血红素被包埋在肽链中，其表面疏水性基团减少，从而有利于细胞色素 C 的反萃取。但反萃取率低，这主要是由于在 pH 为 1 时离子液体咪唑阳离子与细胞色素 C 中的铁原子发生配位，在中性条件下其配位键断裂困难致使反萃取效率相对较低。

5.3.6 萃取机理研究

pH 对细胞色素 C 萃取率的影响实验表明，当溶液为中性时，细胞色素 C 不能直接被萃取到离子液体中，而当溶液为酸性时，部分细胞色素 C 能被萃取到离子液体中。其原因主要是由于在中性条件下，细胞色素 C 的疏水性氨基酸及血红素被包埋在细胞色素 C 的肽链中，pH 降低后，肽链发生伸展使包埋在蛋白质肽链中的疏水性基团及血红素外露[16]，导致细胞色素 C 表面的疏水性基团增多，从而有利于萃取。

同时在萃取和反萃取实验中，细胞色素 C 的结构也发生改变。在 pH 为 7 时，细胞色素 C 的最大吸收波长为 406nm，而在 pH 为 1 时，最大吸收波长从 406nm 转变为 398nm，发生明显蓝移，这表明细胞色素 C 的结构发生改变。在反萃取溶液中细胞色素 C 的最大吸收波长为 406nm，与标准细胞色素 C 相同，即在反萃取过程中其结构恢复到原始状态。

从以上分析可以看出，在萃取及反萃取过程中，细胞色素 C 的构型及结构改变是其萃取的主要原因，因此实验中采用 CD 光谱对细胞色素 C 的结构进行了测定。pH 为 7 和 1 时细胞色素 C 的 CD 光谱，如图 5-5 所示。在 pH 为 7 时，标准细胞色素 C 在 406nm 处有一正峰，在 420nm 处有一明显的负峰，这主要是由于在细胞色素 C 的血红素分子中铁原子除了与卟啉的四个氮相配位外，其第五、六配位分别与邻近的组氨酸-18（His-18）和 methionyl-80（Met-80）相配位[16]，而在 pH 为 1 时，细胞色素 C 水溶液在 420nm 处的负峰消失，而正峰明显蓝移到 404nm，这主要是由于在 pH 为 1 时，血红素中的铁原子与 Met-80 配位键断裂，Fe^{3+} 不再与 Met-80 配位[17]。细胞色素 C 中的铁原子从六配位转变为五配位结构，与第四章中测得的血红蛋白的配位结构相同，其第六配位键可与离子液体的阳离子发生配位[18]，从而可实现细胞色素 C 的萃取。

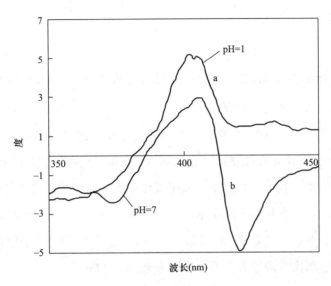

图 5-5　细胞色素 C 在不同 pH 条件下的 CD 光谱

细胞色素 C 浓度为 200ng/μL

基于上述实验结果，认为离子液体萃取细胞色素 C 的机理如图 5-6 所示。

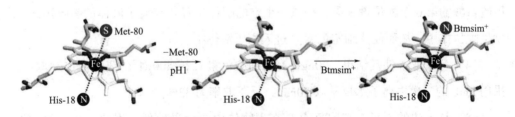

图 5-6　离子液体 BtmsimPF$_6$ 萃取细胞色素 C 的机理示意图

在中性水溶液中，疏水性基团及血红素被包埋在细胞色素 C 肽链中不利于萃取，同时细胞色素 C 铁原子的六个配位空间均被占据，离子液体的咪唑不能与铁原子配位。而细胞色素 C 在酸性条件下发生构型转变，肽链伸展使疏水性基团及血红素外露，从而增加了其在疏水性离子液体中的溶解性；同时，当溶液 pH 小于 2 时，细胞色素 C 铁原子与 Met-80 的配位键断裂，其第六个配位空间被解离，离子液体咪唑阳离子进入到肽链孔穴与铁原子发生配位，形成新的配合物而被萃取到离子液体中。

5.4　结论

本章在离子液体 BtmsimPF$_6$ 萃取血红蛋白的基础上，采用离子液体 BtmsimPF$_6$ 对细胞色素 C 的萃取进行了研究。

（1）萃取条件及结果。当细胞色素 C 水溶液的浓度为 5.0ng/μL，体积 3mL，溶液 pH 为 1 时，采用 400μL 的离子液体萃取 30min，细胞色素 C 的萃取率为 85%。

（2）萃取因素。在中性条件下，离子液体不能萃取细胞色素 C，而在酸性条件下，细胞色素 C 可直接从水溶液中萃取到离子液体中；当离子液体体积增加到一定体积，萃取率不再增加，采用二次萃取方法可以提高萃取率。当细胞色素 C 的浓度为 20ng/μL 时，单次萃取率为 33%，两次萃取率为 63%。

（3）萃取机理。中性条件下，细胞色素 C 分子的疏水性基团包埋在肽链中，血红素基团中铁原子的第 5、6 个配位键被组氨酸咪唑基的氮原子和硫原子所占据；在酸性条件下，细胞色素 C 构型发生转变，疏水性基团暴露出来，促使细胞色素 C 被萃取到离子液体中；当溶液 pH 小于 2 时，细胞色素 C 中血红素基团的铁原子与甲硫氨酸的第 6 个配位键断裂，提供一个空的配位位置，与离子液体的咪唑阳离子发生配位作用，从而促使细胞色素 C 进入离子液体中。

（4）反萃取条件及结果。20ng/μL 的细胞色素 C 被 400μL 的离子液体萃取后，采用 3mL 的二次去离子水反萃取 30min，反萃取率为 33%。

（5）该方法的不足。细胞色素 C 在生物体内的含量较低，因此，在实验中没有考察实际样品中的细胞色素 C 的提取。

参考文献

[1] 龚洁，姚萍，金岚，等.乙醇对细胞色素 C 和脱辅基细胞色素 C 的结构转换影响 [J]. 复旦学报：自然科学版，2001，40（4）：355-360.

［2］ CHIN J K, JIMENEZ R, ROMESBERG F E. Protein dynamics and cytochrome C: correlations between ligand vibrations and redox activity ［J］. J. Am. Chem. Soc., 2002, 124（9）: 1846-1847.

［3］ 于艳春, 李咏梅, 陈建龙, 等. 不同类型反胶团萃取细胞色素 C 的研究 ［J］. 化学世界, 2001, 11, 573-576.

［4］ MORRISON M, HOLLOCHER T, MURRAY R, et al. The isolation of cytochrome c by salt extraction ［J］. Biochimica et Biophysica Acta, 1960, 41（2）: 334-337.

［5］ HOLTON R W, MYERS J. Water-soluble cytochromes from a blue-green alga. I. extraction, purification, and spectral properties of cytochromes C（549, 552, and 554, Anacystis nidulans）［J］. Biochimica Biophysica Acta（BBA）-Bioenergetics, 1967, 131（2）: 362-374.

［6］ ONO T, GOTO M. Factors affecting protein transfer into surfactant-isooctane solution: A case study of extraction behavior of chemically modified cytochrome C ［J］. Biotechnology Progress, 1998, 14（6）: 903-908.

［7］ 沈静茹, 孙小梅, 雷灼霖, 等. PEG6000 修饰物混合吐温 80-硫酸铵盐的液-固萃取体系分离纯化血红蛋白 ［J］. 化学学报, 2002, 60（5）: 859-865.

［8］ 金谷, 李吉峰, 杨健. 聚乙烯醇缩对甲酰基苯基偶氮变色酸萃取亲水蛋白质及其作用机理 ［J］. 分析化学, 2004, 32（6）: 791-793.

［9］ OSHIMA T, HIGUCHI H, OHTO K, et al. Selective extraction and recovery of cytochrome c by liquid-liquid extraction using a calix ［6］ arene carboxylic acid derivative ［J］. Langmuir, 2005, 21（16）: 7280-7284.

［10］ YU Y C, QIAN B H, CHU Y, et al. Mechanisms of cytochrome C extraction by reverse micelles ［J］. Chemical Research in Chinese Universities, 2001, 17（1）: 73-76.

［11］ SMIRNOVA S V, TOROCHESHNIKOVA I I, FORMANOVSKY A A, et al. Solvent extraction of amino acids into a room temperature ionic liquid with dicyclohexano-18-crown-6 ［J］. Anal. Bioanal. Chem., 2004, 378（5）, 1369-1375.

［12］ DU Z, YU Y L, WANG J H. Extraction of proteins from biological fluids by use of an ionic liquid/aqueous two-phase system [J]. Chemistry-A European Journal, 2007, 13 (7): 2130-2137.

[13] SHIMOJO K, NAKASHIMA K, KAMIYA N, et al. Crown ether-mediated extraction and functional conversion of cytochrome C in ionic liquids [J]. Biomacromolecules, 2006, 7 (1): 2-5.

[14] JUNIPER S K, CAMBON M A, LESONGEUR F, et al. Extraction and purification of DNA from organic rich subsurface sediment (ODP Leg 169S) [J]. Marine Geology, 2001, 174 (1), 241-247.

[15] LI Z J, WEI Q, YUAN R, et al. A new room temperature ionic liquid 1-butyl-3-trimethylsilylimidazolium hexafluorophosphate as a solvent for extraction and preconcentration of mercury with determination by cold vapor atomic absorption spectrometry [J]. Talanta, 2007, 71 (1): 68-72.

[16] TSONG T Y. Acid induced conformational transition of denatured cytochrome C in urea and guanidine hydrochloride solutions [J]. Biochemistry, 1975, 14 (7): 1542-1547.

[17] HAMADA D, KURODA Y, KATAOKA M, et al. Role of heme axial ligands in the conformational stability of the native and molten globule states of horse cytochrome C [J]. J. Mol. Biol. , 1996, 256 (1): 172-186.

[18] CHENG D H, CHEN X W, SHU Y, et al. Extraction and seperation of the heme proteins from biological samples matrixes by applying ionic liquid (C_4tmsimPF$_6$) [J]. Talanta, 2008, 75, 1270-1278.

第6章　离子液体荧光及血红蛋白诱导荧光猝灭研究

6.1　引言

　　荧光是指物质的基态分子受激发光源的照射，被激发至激发态后，在返回基态时发射出波长与入射光相同或较长的光。物质的荧光与其分子结构有着明显的关系，一般含有共轭双键（π键）的物质能够发射出明显的荧光，共轭体系越大，离域π电子越容易激发，也越容易产生荧光。大部分荧光物质都具有芳环或杂环，随芳环增大其荧光发射波长也向长波方向移动，而且荧光强度也增强。物质的荧光除了与其分子结构有关，还与取代基、溶剂的性质、介质的酸碱性、温度等有关[1]。具有特定分子结构的物质可以发出特定波长的荧光，因此可以应用荧光光谱对其进行定性或定量分析。同时也可基于测定物质对荧光染料的荧光强度的影响，采用荧光探针对无荧光的物质进行定性或定量测定。荧光分析法具有灵敏度高、选择性好、用样量少、操作简单、检出限低等特点，被广泛地应用于检测金属离子[2]、有机分子[3]、核酸[4]、蛋白质[5,6] 等。

　　当荧光染料的受激原子和其他粒子发生碰撞时，可将一部分能量以热或其他形式释放而导致荧光量子效率降低，荧光强度减弱，这种现象称为荧光猝灭[1]。荧光猝灭可分为静态猝灭、动态猝灭、能量转移猝灭、浓度猝灭（自猝灭）等。当荧光染料的基态分子与其他物质结合而生成无荧光的复合物并导致荧光猝灭时称为静态猝灭；荧光染料的激发态分子与其他物质发生碰撞导致的荧光猝灭称为动态猝灭；荧光分子发射出的荧光被猝灭剂吸收而导致的猝灭称为能量转移猝灭；由于荧光分子本身浓度增大使其荧光猝灭的现象称为浓度猝灭或自猝灭。荧光猝灭除了与溶液中存在的物质有关，溶剂的性质、体系的 pH 和温度等都对荧光染料的荧光强度产生明显影响[1]。荧光猝灭法已被广泛用于金属离子[7-9]、有机物[10]、核酸[11]、盐类物质[12]的分析检测。核酸分子本身不具有荧光，但核酸分子的存在能够显著地猝灭其他荧光染料的荧光，因此可以应用该方法对核酸进行定量分析。

DNA 能够明显地猝灭亚甲基蓝、邻菲啰啉、罗丹明 B、环丙沙星、L-色氨酸等有机小分子的荧光[13]。牛血清白蛋白（BSA）分子中由于含有色氨酸残基和酪氨酸残基，而显示明显的内源荧光，当与有机小分子接触时，其内源荧光被显著地猝灭。在水溶液中红霉素能显著地猝灭牛血清白蛋白（BSA）的内源荧光[14]，喹诺酮类药物对 BSA 的内源荧光也有明显的猝灭效应[15]。在十二烷基苯磺酸钠介质中，蛋白质能够使吖啶橙（AO）-罗丹明 6G 体系中罗丹明 6G 发生荧光猝灭现象[16]，以此可对蛋白质进行测定。徐淑坤等[17]对胆红素与 BSA 的荧光猝灭体系进行了研究，结果表明，胆红素对 BSA 有较强的荧光猝灭作用，两者形成了新的复合物，属于静态荧光猝灭，同时发生了分子内非辐射能量转移。与荧光光度法相比，荧光猝灭方法具有较高的选择性，因此可以选择性地测定待测组分。

在前述章节中合成了一系列咪唑基的离子液体，通过对其分子结构分析，认为咪唑类离子液体分子中存在着共轭结构，在一定波长的激发光激发下可能会发射荧光，而有关离子液体荧光性质的研究目前还没有相关报道。本章对离子液体的荧光性质进行了初步研究，发现咪唑类离子液体能发射出明显的荧光，并考察了烷基侧链、溶液极性、溶液 pH 等因素对离子液体荧光性能的影响，研究还发现血红蛋白能显著地猝灭该类离子液体的荧光，在此基础上以离子液体作为荧光探针，建立了一种选择性测定血红蛋白的荧光猝灭方法。

6.2　实验部分

6.2.1　仪器

F-7000 荧光分光光度计（日立公司，日本）

T6 新世纪紫外—可见分光光度计（北京普析通用仪器有限责任公司）

90005-02 纯水系统（LABCONCO，美国）

Bruker Avance 600MHz 核磁共振仪（Bruker，瑞士）

Spectrum One 红外光谱仪（Perkin Elmer 公司，美国）

　　WX-80A 旋涡混合器（上海医科大学仪器厂）

　　W-02 电动搅拌器（沈阳工业大学）

6.2.2　试剂

　　牛血红蛋白（H2500）、细胞色素 C（C7752）、肌红蛋白（0630）、转铁蛋白（T3309）、脱辅基肌红蛋白（A8673）、白蛋白（A3311）（Sigma，美国）

　　1-甲基咪唑（临海市凯乐化工厂）

　　氯代正丁烷（北京化学试剂公司）

　　六氟磷酸（昆山精细化工有限公司）

　　乙酸乙酯（天津市天河化学试剂厂）

　　所有试剂除特别注明外皆为分析纯，实验用水均为二次去离子水（18MΩ·cm）。

　　3.0mg/mL 血红蛋白储备液：精确称取 30mg 血红蛋白粉末，用二次去离子水溶解后定容至 10mL，于 0~4℃储存。使用时稀释为 100~1000ng/μL 的工作液。

6.2.3　离子液体的合成

6.2.3.1　1-丁基-3-三甲基硅咪唑六氟磷酸盐（BtmsimPF$_6$）的合成[18]

　　将 0.5mol 的三甲基硅咪唑与 0.5mol 的氯代正丁烷加到 500mL 的三口圆底烧瓶中，再加入 50mL 的甲苯，通入氮气保护，水浴加热到 85℃，搅拌回流 72h，得到产物 1-丁基-3-三甲基硅咪唑氯代盐（BtmsimCl），用 50mL 乙酸乙酯洗涤 3 次，在真空干燥箱中 80℃干燥 24h，得到 1-丁基-3-三甲基硅咪唑氯代盐（BtmsimCl），收率为 80%。

　　将 0.5mol 上述反应得到的 BtmsimCl 加到 500mL 塑料烧瓶中，再加入 100mL 水，搅拌并向其中滴加 100mL 的六氟磷酸，控制反应过程的温度不超过 50℃，搅拌 1h 后，取出下层溶液用二次去离子水洗涤，直到洗涤水溶液的 pH 为 6.5 左右，将产物放在干燥箱中 80℃干燥 24h，得到 1-丁基-3-三甲基硅咪唑六氟磷酸盐（BtmsimPF$_6$），收率为 85%。合成的离子液体 BtmsimPF$_6$ 的核磁共振^{1}H 谱为：^{1}H-NMR（in CD$_3$COCD$_3$）0.46（s，9H），0.889（t，3H），1.324（m，2H），1.868（m，2H），4.34（m，2H），7.512（d，1H），7.674（d，1H），8.71（d，1H）。

6.2.3.2 1,3-二丁基咪唑氯代盐（BBimCl）及六氟磷酸盐（BBimPF₆）的合成

将 0.5mol 的三甲基硅咪唑与 1.1mol 的氯代正丁烷加到 500mL 的三口圆底烧瓶中，水浴加热到 90℃，搅拌回流 72h，得到产物 1,3-二丁基咪唑氯代盐（BBimCl），用 50mL 乙酸乙酯洗涤 3 次，在真空干燥箱中 80℃干燥 24h，得到 1,3-二丁基咪唑氯代盐（BBimCl），收率为 80%。

将 0.5mol 上述反应得到的 BBimCl 加到 500mL 塑料烧瓶中，再加入 100mL 水，搅拌并向其中滴加 100mL 的六氟磷酸，控制反应过程的温度不超过 50℃，搅拌 1h 后，取出下层溶液用二次去离子水洗涤，直到洗涤水溶液的 pH 为 6.5 左右，将产物放在干燥箱中 80℃干燥 24h，得到 1,3-二丁基咪唑六氟磷酸盐（BBimPF₆），收率为 75%。合成的离子液体 BBimPF₆ 的核磁共振 ^{1}H 谱为：^{1}H-NMR（in CD₃COCD₃）0.963（s，6H），1.394（m，4H），1.938（m，4H），4.371（m，4H），7.768（d，1H），7.770（d，1H），9.03（d，1H）。

6.2.3.3 1-丁基-3-甲基咪唑六氟磷酸盐（BmimPF₆）的合成[19]

将 0.52mol 的氯代正丁烷和 0.5mol 的 1-甲基咪唑，加入 500mL 的三口圆底烧瓶中，水浴加热到 75℃，搅拌回流 72h。反应过程中可观察到白色浑浊现象，继续反应直到溶液变为浅黄色透明液体，用 50mL 乙酸乙酯洗涤 3 次，在真空干燥箱中 80℃干燥 24h，可得到 1-丁基-3-甲基咪唑氯代盐（BmimCl），收率为 80%。

将 0.5mol 的 BmimCl 和 100mL 的水加入 500mL 的三口圆底烧瓶中，不断搅拌中滴加 100mL 六氟磷酸，控制反应的温度不超过 50℃，搅拌 1h 后，取出下层溶液用二次去离子水洗涤，直到洗涤水的 pH 为 6.5 左右，将产物放至干燥箱中 80℃干燥 24h，得到 1-丁基-3-甲基咪唑六氟磷酸盐（BmimPF₆），收率为 77%。合成的离子液体 BmimPF₆ 的核磁共振 ^{1}H 谱为：^{1}H-NMR（in CD₃COCD₃）δCH₃（1）：3H，singlet（s），4.004ppm，δH（2）：1H，s，8.941ppm，δCH₂（3）：2H，triplet（t），4.311ppm，δH（4）：1H，s，7.703ppm，δH（5）：1H，s，7.652ppm，δCH₂（6）：2H，quintet，1.884ppm，δCH₂（7）：2H，sextet，1.357ppm，δCH₃（8）：3H，t，0.928ppm。

6.2.4　实验操作步骤

（1）离子液体荧光测定。由于离子液体在水中有一定的溶解度，将 0.5mL 的离子液体与 10mL 二次去离子水充分混合后，会有一部分离子液体溶解在水溶液中，从而得到饱和的离子液体水溶液。本实验测定了饱和的离子液体水溶液的荧光发射情况。在波长 240~420nm 激发下，测定离子液体的最大发射波长及发射荧光强度。狭缝宽度分别为 10nm、10nm，灯电压为 500V。

（2）血红蛋白猝灭离子液体的荧光。取 10μL 血红蛋白（3mg/mL）水溶液加入 3mL 离子液体的饱和水溶液中，在 344nm 波长激发下，测定离子液体的发射荧光强度。改变加入血红蛋白的浓度，测定不同浓度血红蛋白存在时离子液体的荧光强度。狭缝宽度分别为 10nm、10nm，灯电压为 500V。

6.3　结果与讨论

6.3.1　离子液体的荧光光谱

物质能够产生荧光一般需要具备两个基本条件：一是物质的分子具有能吸收激发光的结构，如共轭双键结构；二是该分子必须具有一定程度的荧光量子产率。分子结构是影响物质发射荧光和荧光强度的重要因素，至少具有一个芳环或具有多个共轭双键的有机化合物容易产生荧光[1]。在第二、第四章的核酸、蛋白质的萃取分离实验中，合成了三种疏水性的离子液体 BmimPF$_6$、BBimPF$_6$、BtmsimPF$_6$，其分子结构式如图 4-1 所示。

从合成的离子液体的分子结构可以看出，离子液体的咪唑阳离子由于具有两个吸电子的烷基侧链，使咪唑的 N—C—N 键的电子均匀分布于三个原子上，从而形成具有一定共轭结构的咪唑阳离子。因此，从分子结构上看以上三种离子液体具有产生荧光的共轭结构，从而可能产生荧光。

6.3.1.1　BmimPF$_6$ 的荧光发射光谱

实验中测定了激发波长在 240~340nm 范围内 BmimPF$_6$ 饱和水溶液的发射光谱，如图 6-1 所示，激发和发射狭缝宽度均为 10nm，灯电压为 500V。从图 6-1（a）

可以看出，当激发波长小于 280nm 时，离子液体 BmimPF_6 分别在波长 350nm 和 420nm 处有明显的荧光。随着激发波长靠近 280nm，离子液体在 350nm 和 420nm 波长处的荧光强度均增大，而且最大发射波长似乎发生红移，原因可能是离子液体的两个发射光谱波长相近，其光谱发生重叠，叠加后的光谱强度由 350nm 处的发射荧光强度主导，看似最大发射波长发生红移。从图 6-1（b）可以看出，随着激发波长靠近 330nm，350nm 处的发射荧光逐渐消失，而 420nm 处的荧光强度逐渐增强并占据主导地位，同时在 420nm 处的最大发射波长好像也发生红移，原因是离子液体的共振散射光与发射荧光的波长太近，其光谱发生重叠，叠加后的光谱看似发生红移。

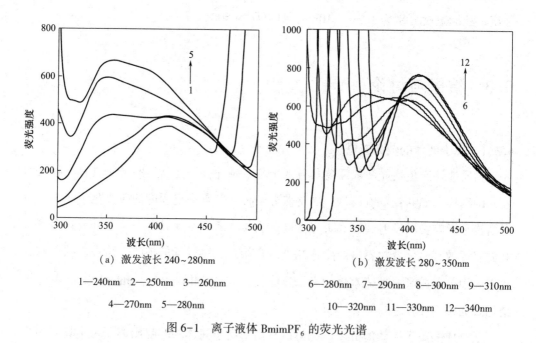

（a）激发波长 240~280nm

1—240nm　2—250nm　3—260nm
4—270nm　5—280nm

（b）激发波长 280~350nm

6—280nm　7—290nm　8—300nm　9—310nm
10—320nm　11—330nm　12—340nm

图 6-1　离子液体 BmimPF_6 的荧光光谱

以上结果表明，离子液体 BmimPF_6 在不同的激发波长下，在 350nm 和 420nm 波长处都有荧光。为了证实离子液体的荧光与结构的关系，实验中测定了不同激发波长时甲基咪唑的发射荧光光谱，如图 6-2 所示，甲基咪唑浓度为 3.0μg/μL，离子液体饱和水溶液浓度为 18μg/μL，激发和发射狭缝宽度均为 10nm，灯电压为 500V。当以 270nm 和 340nm 波长的激发光激发时，甲基咪唑（Mim）分别在 350nm 和 420nm 处有明显的荧光，这两处荧光为甲基咪唑分子中的 C=C 键和 C=N

键的荧光；而当甲基咪唑转变成离子液体 BmimPF$_6$ 后，离子液体在 350nm 处的荧光强度没有发生变化，而在 420nm 处的荧光强度明显增大，这主要是由于在离子液体中 C＝C 键还存在，而 C＝N 键转变为 N—C—N 共轭体系，其共轭程度比 C＝N 键大，荧光量子产率高，荧光强度明显增大，因此可推断离子液体在 350nm 处的应为咪唑阳离子中 C＝C 键的荧光，而 420nm 处的应为 N—C—N 共轭体系的荧光。

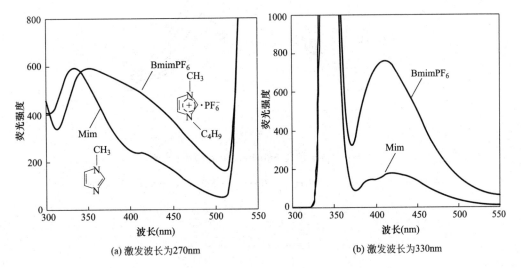

(a) 激发波长为270nm　　　　　　(b) 激发波长为330nm

图 6-2　甲基咪唑与离子液体 BmimPF$_6$ 的荧光光谱

6.3.1.2　BBimPF$_6$ 的荧光发射光谱

离子液体 BBimPF$_6$ 饱和水溶液在不同激发波长（280～350nm）下的荧光发射光谱如图 6-3 所示，激发和发射狭缝宽度 10nm，灯电压 500V。当激发波长小于 340nm 时，随着激发波长的增大，离子液体在 420nm 附近的发射光谱强度显著增强；而当激发波长大于 340nm 后，其发射光谱强度明显降低。因此当激发波长为 340nm 时，离子液体在波长 420nm 附近的荧光发射强度最大。同时测定在发射波长为 420nm 时，离子液体 BBimPF$_6$ 的最大激发波长为 344nm。因此当激发波长为 350nm 时，远离最大激发波长，因此荧光发射强度降低。

6.3.1.3　BtmsimPF$_6$ 的荧光发射光谱

BtmsimPF$_6$ 饱和水溶液在激发波长从 280～350nm 范围内的发射光谱如图 6-4 所

示，激发和发射狭缝宽度 10nm，灯电压 500V。

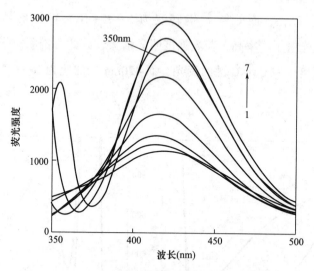

图 6-3　离子液体 BBimPF$_6$ 的荧光发射光谱

1—280nm　2—290nm　3—300nm　4—310nm　5—320nm　6—330nm　7—340nm

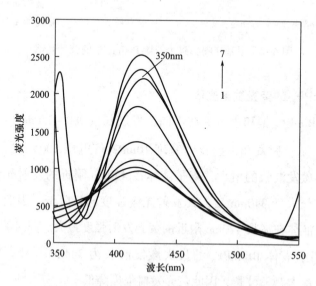

图 6-4　离子液体 BtmsimPF$_6$ 的荧光发射光谱

1—280nm　2—290nm　3—300nm　4—310nm　5—320nm　6—330nm　7—340nm

　　从图中可以看出，离子液体 BtmsimPF$_6$ 的荧光发射光谱与 BBimPF$_6$ 变化规律相同。当激发波长为 340nm 时，在 420nm 波长处有最大发射荧光强度，但其荧光强度略小于离子液体 BBimPF$_6$。这可能部分归因于实验测定的是饱和离子液体水溶液的荧光发射强度，BtmsimPF$_6$ 在水中的溶解度小于 BBimPF$_6$，因此其荧光强度也有所降低。

6.3.1.4　BBimCl 的荧光发射光谱

　　前述三种阴离子为 PF$_6^-$ 的离子液体均为疏水性的，而且在水中的溶解度较低。因此，合成了具有相同咪唑阳离子结构的亲水性离子液体 BBimCl，并考察其荧光发射情况。

　　将 10μL 的 BBimCl 某离子液体溶解在 3mL 的二次去离子水中，得到浓度为 4.0μg/μL 的离子液体水溶液。测得该浓度下 BBimCl 离子液体在不同激发波长下的荧光发射光谱，如图 6-5 所示，离子液体浓度为 4.0μg/μL，激发和发射狭缝宽度 10nm，灯电压 500V。从图中可见，当激发波长从 260nm 逐渐增大到 310nm 时，BBimCl 离子液体在 393nm 处有明显的荧光发射，且荧光强度逐渐增大；当激发波长为 320nm 时，其在 393nm 处的荧光强度与 310nm 处的相同。与以上三种疏

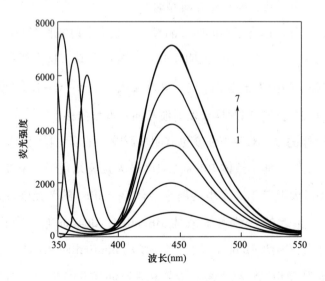

图 6-5　离子液体 BBimCl 的荧光发射光谱

1—260nm　2—270nm　3—280nm　4—290nm　5—300nm　6—310nm　7—320nm

水性离子液体的发射光谱相比，BBimCl 离子液体的发射光谱没有发现上述假红移现象。这主要是由于 BBimCl 是水溶性的离子液体，实验中测定的 BBimCl 浓度远高于以上三种疏水性离子液体，尽管离子液体 BBimCl 的共振光散射波长与离子液体的发射波长也很相近，但 BBimCl 离子液体的荧光强度大而掩盖了其他的影响因素。

6.3.1.5　离子液体的最大激发和发射波长

从测得的离子液体荧光发射光谱可以看出，具有不同烷基侧链、不同阴离子的离子液体，其荧光发射波长、荧光强度都有明显差异，如表 6-1 所示。从表中可看出以上离子液体的发射波长、荧光强度具有以下几方面的变化规律。

（1）当离子液体的阴离子相同时，随咪唑烷基侧链增大，最大发射波长向长波方向移动。这主要是由于离子液体 $BmimPF_6$ 的烷基侧链甲基的吸电子性与丁基的吸电子性相差较大，导致 N—C—N 体系的电子云分布不均匀，不能形成较大程度的 $\pi-\pi^*$ 共轭体系；而离子液体 $BBimPF_6$ 和 $BtmsimPF_6$ 的烷基侧链分别是具有相同吸电子性的丁基和吸电子性相差不大的丁基、三甲基硅。因此从分子结构上来说，在这两种离子液体中 N—C—N 体系的电子云密度分布均匀，扩大其 $\pi-\pi^*$ 共轭体系，从而导致最大发射波长向长波方向移动[1]。

（2）当离子液体的阳离子相同时，阴离子对最大发射波长有明显影响。当阴离子由 Cl^- 转变为 PF_6^- 时，其发射波长明显向长波方向移动，这主要是由于 PF_6^- 的吸电子能力比 Cl^- 强。当阴离子为 PF_6^- 时，咪唑阳离子中 N—C—N 共轭体系的电子云密度比阴离子为 Cl^- 时低，因此导致发射波长向长波方向移动[21]。

（3）离子液体的浓度对荧光强度也有明显影响。浓度大且荧光量子产率高的物质，其荧光强度大[1]。离子液体 BBimCl 浓度最大且荧光量子产率高，因此荧光强度最大；而浓度较大但量子产率小的离子液体 $BmimPF_6$ 的荧光强度最小。对于荧光量子产率大小相近的两种离子液体 $BBimPF_6$、$BtmsimPF_6$，在饱和水溶液中 $BBimPF_6$ 的浓度大，因此 $BBimPF_6$ 的荧光强度比 $BtmsimPF_6$ 大。

（4）与甲基咪唑相比，以上离子液体在 420nm 处的荧光强度都明显增大，这主要是由于离子液体中 N—C—N 体系的共轭程度大于甲基咪唑中 C＝N 键的共轭程度，因此离子液体的荧光强度比甲基咪唑大。

表 6-1　离子液体的发射波长和荧光强度

样品	最大发射波长（nm）	荧光强度
Bmim PF_6	415	763.9
BBim PF_6	421	2961
BtmsimPF_6	420	2539
BBimCl	393	7144
1-methylimidazole	420	179

6.3.1.6　pH 对离子液体 BBimCl 荧光强度的影响

一般来说，荧光染料所处的溶液环境对荧光强度有很大影响，溶剂的种类、pH、温度等都会对荧光染料的荧光强度产生重要影响。本实验测定了在不同 pH 条件下离子液体 BBimCl 水溶液的荧光发射强度，如图 6-6 所示，离子液体浓度为 $4.0\mu g/\mu L$，激发和发射波长分别为 319nm、393nm，激发和发射狭缝宽度均为 10nm，灯电压为 500V。结果表明，随 pH 增大，离子液体的荧光强度逐渐增大。当 pH 为 7 时，离子液体的荧光强度达到最大；而当 pH 大于 7 时，荧光强度略微下降。其原因可能是在酸性条件下，溶液中存在大量的 H^+离子，在荧光发射过程中离子液体的激发态分子的能量转移到溶液中的 H^+离子[22]，因此导致荧光强度降低；而当溶液为碱性时，离子液体荧光强度降低主要是由于在碱性环境中，部分离子液体发生分解。因此，为了得到较好的荧光效果，选择在中性水溶液环境下进行离子

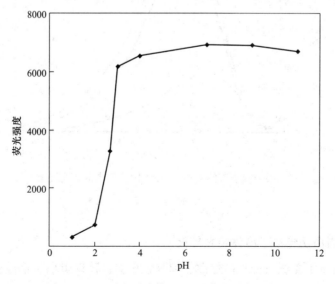

图 6-6　pH 对离子液体 BBimCl 荧光强度的影响

液体荧光测定。

6.3.1.7 溶剂对离子液体 BBimCl 的荧光发射光谱的影响

溶液的极性对荧光物质的荧光强度有明显影响。在不同极性溶剂中，溶质与溶剂分子间存在着静电相互作用，导致荧光物质的基态和激发态与溶剂间的作用不同，对同一荧光体的荧光光谱的位置及强度都可能有显著的影响[23]。实验中测定了离子液体 BBimCl 在不同极性溶剂中的荧光光谱，如图 6-7 所示，离子液体浓度为 3.0μg/μL，激发和发射波长分别为 319nm、393nm，激发和发射狭缝宽度均为 10nm，灯电压为 500V。实验中所用的四种溶剂的极性大小顺序为：水>乙醇>乙腈>丙酮。随着溶剂极性的增大，离子液体的荧光强度和最大发射波长均增大。这主要是由于离子液体被激发时发生了 $\pi-\pi^*$ 跃迁，离子液体的激发态比基态具有更大的极性，随着溶剂的极性增大，溶剂对激发态比对基态产生更大的稳定作用[24-25]，结果导致离子液体的荧光强度及发射波长均随着溶剂的极性增加而增大。

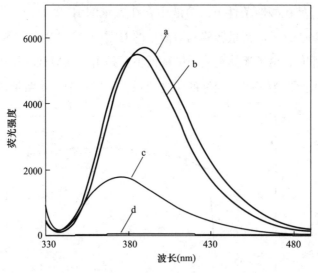

图 6-7 离子液体 BBimCl 在不同溶剂中的荧光光谱

a—水　b—乙醇　c—乙腈　d—丙酮

6.3.2 血红蛋白诱导离子液体荧光猝灭

实验中测定了血红蛋白、白蛋白、细胞色素 C、转铁蛋白、铜蓝蛋白等蛋白质对离子液体的荧光猝灭情况。结果表明，血红蛋白能明显地猝灭离子液体的荧光，而白蛋白、细胞色素 C、转铁蛋白、铜蓝蛋白对离子液体的荧光无猝灭现象。实验中测定了当存在血红蛋白时，离子液体 $BmimPF_6$、$BBimPF_6$、$BtmsimPF_6$ 的荧光光谱，如图 6-8 所示，激发波长为 344nm，激发和发射波长的狭缝宽度均为 10nm，灯电压为 500V。以 344nm 波长的激发光激发离子液体时，离子液体在 420nm 处有明显的荧光发射；当离子液体溶液中加入一定浓度的血红蛋白后，其荧光被血红蛋白猝灭，但猝灭程度不同，对 $BBimPF_6$ 的荧光猝灭程度最大，而对 $BmimPF_6$ 的荧光猝灭程度最小，同时离子液体的最大发射波长也明显向长波方向移动。

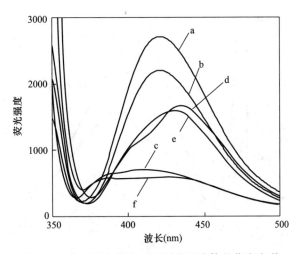

图 6-8　血红蛋白存在时不同离子液体的荧光光谱

a—$BBimPF_6$ 饱和水溶液　b—$BtmsimPF_6$ 饱和水溶液　c—$BmimPF_6$ 饱和水溶液　d—血红蛋白浓度

为 100ng/μL 的 $BBimPF_6$ 饱和水溶液　e—血红蛋白浓度为 100ng/μL 的 $BtmsimPF_6$ 饱和水溶液

f—血红蛋白浓度为 100ng/μL 的 $BmimPF_6$ 饱和水溶液

6.3.2.1　荧光猝灭类型

在第四章中，离子液体萃取血红蛋白的机理研究已证明，离子液体的咪唑阳离子与血红蛋白的铁原子发生配位。因此，血红蛋白诱导离子液体荧光猝灭的类型被认为可能是静态猝灭。即当离子液体与血红蛋白接触后，形成了一种无荧光或荧光很弱的基态配合物。为了证实血红蛋白诱导离子液体的荧光猝灭类型，实验中测定了不同温度时的 Stern-Volmer 方程及离子液体与血红蛋白体系的吸收光谱等。

6.3.2.2　静态猝灭

实验中测定了纯离子液体 $BBimPF_6$ 饱和水溶液和溶解了血红蛋白的离子液体饱

和水溶液的荧光光谱，如图6-9所示。当采用344nm的激发光激发时，离子液体饱和水溶液的相对荧光强度为2765，最大荧光发射波长为421nm；而当离子液体饱和水溶液中加入100ng/μL的血红蛋白后，相对荧光强度减小到1650，最大荧光发射波长亦红移到435nm。这主要是由于血红素基团中的铁原子与处于基态的离子液体阳离子中氮原子发生配位[26]，形成的基态配合物荧光强度及发射波长都发生改变，从而导致离子液体的荧光被猝灭，因此，血红蛋白对离子液体的荧光猝灭过程可能是静态猝灭。

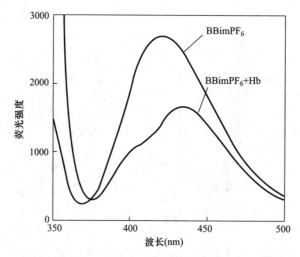

图6-9　纯 $BBimPF_6$ 饱和水溶液以及存在 100ng/μL 的血红蛋白时

$BBimPF_6$ 饱和水溶液的荧光光谱

6.3.2.3　动态猝灭

实验中，分别测定了20℃和40℃时，不同浓度的Hb对离子液体的荧光猝灭程度，以血红蛋白浓度对相对荧光比（F_0/F）作图得到图6-10。根据Stern-Volmer方程：$F_0/F = 1 + K_q\tau_0 C_{HB} = 1 + K_{sv}C_{HB}$，$K_{sv} = K_q\tau_0$，可以计算出20℃和40℃时的Stern-Volmer常数 K_{sv} 分别为：3.871×10^5 L/mol 和 3.543×10^5 L/mol。这个结果表明，在不同温度下获得的常数 K_{sv} 几乎相同，因此，可以推断血红蛋白对离子液体的荧光猝灭不是动态猝灭。

6.3.2.4　能量转移猝灭

当荧光分子发射的荧光波长与猝灭剂的吸收波长发生重叠时，发射出的荧光可

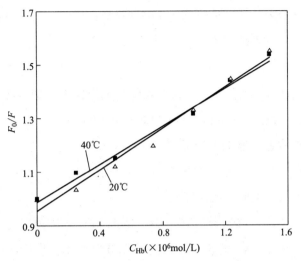

图 6-10　不同温度下的 Stern-Volmer 方程

离子液体饱和水溶液 3mL，血红蛋白浓度 100ng/μL。

能会被猝灭剂所吸收，从而导致荧光猝灭。因此，实验中测定了离子液体 $BBimPF_6$ 的荧光发射波长和血红蛋白的吸收波长，如图 6-11 所示。当采用 344nm 的激发光激发离子液体 $BBimPF_6$ 时，荧光发射波长范围为 370～500nm，而血红蛋白在 350～440nm 波长范围内有明显的光吸收，因此可以推断出，当血红蛋白加入离子液体水溶液中后，离子液体发射出的 370～500nm 波长的荧光可能被血红蛋白吸收，部分

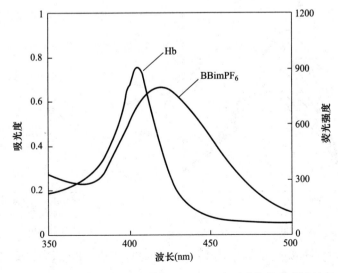

图 6-11　100ng/μL 血红蛋白吸收光谱与 $BBimPF_6$ 离子液体饱和水溶液的荧光光谱

能量转移到血红蛋白中，从而导致其荧光强度降低。所以，血红蛋白对离子液体的荧光猝灭可能存在着能量转移猝灭。

6.3.2.5 猝灭机理

基于以上研究认为，血红蛋白对离子液体的荧光猝灭类型可能是静态猝灭和能量转移猝灭，其猝灭机理被推测可能包含以下两个方面。

（1）血红蛋白中血红素的铁原子与离子液体咪唑阳离子发生配位结合形成了一种基态配合物，在这个基态配合物中铁原子是顺磁性的[26]，因此产生可逆性的电荷转移作用而导致离子液体的荧光猝灭[1]。

（2）血红蛋白中的血红素分子在 350～440nm 波长范围内对光有强光吸收，离子液体发射出的 370～500nm 波长范围内的荧光被血红蛋白所吸收，部分能量转移到血红蛋白分子中，从而导致离子液体荧光猝灭。

6.3.2.6 荧光猝灭法测定血红蛋白的方法性能分析

通过以上荧光猝灭实验研究可以看出，血红蛋白能猝灭离子液体的荧光。基于此，以离子液体 BBimPF$_6$ 作为荧光探针，考察不同浓度血红蛋白对离子液体的荧光猝灭情况，饱和离子液体水溶液体积为 3mL，血红蛋白浓度为 0～90ng/μL，激发波长为 344nm，发射波长为 421nm，激发和发射波长的狭缝宽度均为 10nm，灯电压为 500V。分别测定在 0、15ng/μL、30ng/μL、45ng/μL、60ng/μL、75ng/μL、90ng/μL 血红蛋

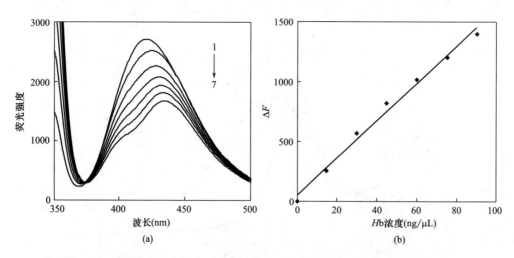

图 6-12　不同浓度血红蛋白对离子液体 BBimPF$_6$ 饱和水溶液荧光的猝灭情况

1—0　2—15ng/μL　3—30ng/μL　4—45ng/μL　5—60ng/μL　6—75ng/μL　7—90ng/μL

白存在条件下，$BBimPF_6$ 饱和水溶液的荧光强度，如图 6-12 （a） 所示。从图中可以看出，随着溶液中血红蛋白浓度的增大，离子液体的荧光强度降低。以血红蛋白浓度为横坐标，以荧光强度变化量（$\Delta F = F_0 - F$）为纵坐标，得到一线性方程：$\Delta F = 15.574C_{Hb} + 51.179$，$R^2 = 0.9903$，如图 6-12 （b） 所示。该方法的线性范围为 15～100ng/μL，检出限为 5.0ng/μL，相对标准偏差 RSD 为 3.2%（50ng/μL，$n = 11$）。

6.4　荧光猝灭法选择性测定全血样品中的血红蛋白

在人全血样品中存在着血红蛋白、白蛋白、转铁蛋白、细胞色素 C 等多种蛋白质，采用吸收光谱法测定人血液中血红蛋白浓度时，白蛋白、转铁蛋白等蛋白质在 280nm 处有明显吸收，而细胞色素中血红素分子在 406nm 处也有明显光吸收。因此，在不对血液样品进行预处理时，以上蛋白质的存在会干扰血红蛋白的测定而引入一定的误差。而以离子液体 $BBimPF_6$ 为荧光探针，采用荧光猝灭法测定血红蛋白时，白蛋白、转铁蛋白、细胞色素 C 等蛋白质对离子液体的荧光均无影响，因此可采用以离子液体 $BBimPF_6$ 为荧光探针所建立的荧光猝灭法选择性地测定全血样品中的血红蛋白。

实验中对全血样品稀释液中血红蛋白浓度进行了两次测定，具体操作为，用二次去离子水将人全血样品稀释 100 倍，取稀释后的全血样品 10μL 加入 3mL 离子液体 $BBimPF_6$ 饱和水溶液中，测定荧光强度，根据血红蛋白标准曲线计算出 10μL 稀释后的全血样品中血红蛋白的浓度，并进行了加标回收实验，结果如表 6-2 所示。

从实验结果可以看出，以离子液体 $BBimPF_6$ 为荧光探针，采用荧光猝灭法可实现对全血中血红蛋白的选择性测定。与吸收光谱法相比，本法无需对血液进行预处理即可选择性地测定血液中的血红蛋白。

表 6-2　荧光猝灭法测定人全血样品中血红蛋白结果

样品	测定值 （ng/μL）	加标 （ng/μL）	回收率 （%）
血样 1	12.4±5.0	8.0	102
血样 2	13.8±4.5	16.0	98

6.5　结论

本章研究表明，离子液体具有稳定的共轭结构是其发射荧光的主要原因。实验发现血红蛋白能明显地猝灭离子液体的荧光，且在一定范围内，血红蛋白浓度与离子液体的荧光降低强度成正比。据此建立了荧光猝灭法选择性测定血红蛋白的新方法。

（1）离子液体荧光研究表明：咪唑类离子液体阳离子中具有两个吸电子的烷基侧链，使咪唑阳离子 N—C—N 键电子分布均匀化，形成大的共轭体系，从而发射出明显的荧光。离子液体的荧光强度与咪唑烷基侧链的长度、溶液 pH 的大小、溶剂极性的大小有关，随着咪唑烷基侧链、溶液极性、溶液 pH 的增大而明显增强。

（2）血红蛋白猝灭离子液体荧光的研究表明，血红蛋白能明显猝灭离子液体的荧光，而其他蛋白质（如白蛋白、转铁蛋白、球蛋白、细胞色素 C）无类似猝灭效应，据此建立了一种荧光猝灭法选择性测定血红蛋白的新方法。在 pH = 7 时，15 ~ 100ng/μL 浓度范围内的血红蛋白对 3.0mL 离子液体 $BBimPF_6$ 的荧光猝灭线性方程为：

$$\Delta F = 15.574 C_{Hb} + 51.179$$

测得方法的检出限为 5.0ng/μL，相对标准偏差为 3.2%（50ng/μL，$n = 11$）。

（3）猝灭类型和机理研究表明，血红蛋白对离子液体荧光的猝灭类型可能是静态猝灭和能量转移猝灭。其猝灭机理为血红蛋白中血红素的铁原子与离子液体咪唑阳离子发生配位结合形成了一种基态配合物。在这个基态配合物中铁原子是顺磁性的，因此产生可逆性的电荷转移作用，从而导致离子液体的荧光猝灭；同时血红蛋白中的血红素分子在 350 ~ 440nm 波长范围内有强的光吸收，离子液体发射出的 370 ~ 500nm 波长范围内的荧光被血红蛋白吸收，部分能量转移到血红蛋白分子中，从而导致离子液体荧光猝灭。

（4）与吸收光谱法相比，采用该荧光猝灭法无需对血液进行预处理即可选择性地测定血液中的血红蛋白含量。

参考文献

［1］许金钧，王尊本.荧光分析法［M］.北京：科学出版社，2006，11-16.

［2］王富强，李亚明，于海波.含均二苯乙烯荧光探针的合成及其对金属离子的识别研究［J］.化学学报，2008，66（1）：103-107.

［3］龙云飞，黄承志，李原芳.邻苯二甲醛-β-巯基乙醇组合试剂可视化荧光检测多巴胺［J］.分析化学，2007，35（12）：1741-1744.

［4］LE PECQ J B，PAOLETTI C. A new fluorometric method for RNA and DNA determination［J］. Anal. Biochem. ，1966，17（1），100-107.

［5］林琳，孙素颜，姚桂燕，等.人血清中血红蛋白含量的分子荧光光谱法测定［J］.郑州大学学报：医学版，2007，42（3）：498-501.

［6］LI Y J，XIE W H，FANG G J. Fluorescence detection techniques for protein kinase assay［J］. Anal. Bioanal. Chem. ，2008，390（8）：2049-2057.

［7］CHEUNG S M，CHAN W H. Hg^{2+} sensing in aqueous solutions：an intramolecular charge transfer emission quenching fluorescent chemosensors［J］. Tetrahedron，2006，62（35）：8379-8383.

［8］李炳焕，王桂华，贾静娴，等.苯基荧光酮荧光分光光度法测定痕量锗的研究［J］.化学研究与应用，2002，14（2）：242-244.

［9］王青，羊小海，王玲，等.基于脱氧核酶的新型铅离子荧光探针［J］.高等学校化学学报，2007，28（12）：2270-2273.

［10］LIU S P，SA C，HUA XL，et al. Fluorescence quenching method for the determination of sodium carboxymethyl cellulose with acridine yellow or acridine orange［J］. Spectrochimica Acta，2006，64（4），817-822.

［11］汪乐余，郭畅，李茂国，等.功能性硫化镉纳米荧光探针荧光猝灭法测定核酸［J］.分析化学，2003，31（1）：83-86.

［12］ADENIER A，AARON J J. A spectroscopic study of the fluorescence quenching interactions between biomedically important salts and the fluorescent probe merocyanine 540 [J]. Spectrochimica Acta Part A：Molecular & Biomdecular Spectrosco-py, 2002, 58 (3)：543-551.

[13] 张建荣, 郭祥群, 赵一兵.生物大分子与有机小分子荧光探针相互作用的静态荧光猝灭理论及实验研究 [J]. 厦门大学学报：自然科学版, 2006, 45 (3)：365-369.

[14] 刘保生, 刘智超, 高静.红霉素与牛血清白蛋白的相互作用机制 [J]. 河北大学学报：自然科学版, 2005, 25 (4)：380-382.

[15] 杨曼曼, 席小莉, 杨频.用荧光猝灭和荧光加强两种理论研究喹诺酮类新药与白蛋白的作用 [J]. 高等学校化学学报, 2006, 27 (4)：687-691.

[16] 刘保生, 高静, 杨更亮.吖啶橙-罗丹明 6G 荧光共振能量转移及其罗丹明 6G 荧光猝灭法测定蛋白质 [J]. 分析化学, 2005, 33 (4)：546-548.

[17] 郭兴家, 李晓舟, 徐淑坤, 等.荧光猝灭法研究胆红素与牛血清白蛋白的相互作用 [J]. 分析试验室, 2007, 26 (4)：11-15.

[18] LI Z J, WEI Q, YUAN R, et al. A new room temperature ionic liquid 1-butyl-3-trimethylsilylimidazolium hexafluorophosphate as a solvent for extraction and preconcentration of mercury with determination by cold vapor atomic absorption spectrometry [J]. Talanta, 2007, 71：68-72.

[19] CARDA-BROCH S, BERTHOD A, ARMSTRONG D W. Solvent properties of the 1-butyl-3-methylimidazolium hexafluorophosphate ionic liquid [J]. Anal. Bioanal. Chem. , 2003, 375：191-199.

[20] 沈红芹, 张有来, 陈伟利, 等.新型荧光探针化合物的合成与光谱性质研究 [J]. 天津理工大学学报, 2008, 24 (1)：1-4.

[21] 何海建, 朱拓, 虞锐鹏, 等.四氢呋喃荧光光谱特性的研究 [J]. 食品与生物技术学报, 2008, 27 (1)：53-56.

[22] CZíMEROVá A, IYI N, BUJDáK J. Fluorescence resonance energy transfer between two cationic laser dyes in presence of the series of reduced-charge montmorillonites：Effect of the layer charge [J]. Journal of Colloid and Interface Science, 2008, 320 (1), 140-151.

[23] SAHA S K, PURKAYASTHA P, DAS A B. Photophysical characterization and

effect of pH on the twisted intramolecular charge transfer fluorescence of trans－2－［4－（dimethylamino）styryl］benzothiazole ［J］. Journal of Photochemistry and Photobiology A：Chemistry, 2008, 195（2）, 368-377.

［24］ MANNEKUTLA J R, MULIMANIA B G, INAMDAR S R. Solvent effect on absorption and fluorescence spectra of coumarin laser dyes：Evaluation of ground and excited state dipole moments ［J］. Spectrochimica Acta Part A：Molecular and Biomolecular Spectroscopy, 2008, 69（2）：419-426.

［25］ PAUL A, MANDAL P K, SAMANTA A. On the optical properties of the imidazolium ionic liquids ［J］. Journal of Physicat Chemistry Part B：Condensed Phase, 2005, 109, 9148-9153.

［26］ CHENG D H, CHEN X W, SHU Y, et al. Selective extraction/isolation of hemoglobin with ionic liquid 1－butyl－3－trimethylsilylimidazolium hexafluorophosphate （BtmsimPF$_6$）［J］. Talanta, 2008, 75（5）, 1270-1278.